U0163700

本书由国家自然科学基金重点项目（42130706）和
国家自然科学基金面上项目（42172272）资助出版

采掘工作面实时突水
预测预警技术

著作委员会：

傅崑岚　　徐智敏　　段中稳　　隋旺华

孙亚军　　王　鑫　　汪玉泉　　童世杰

王道坤　　陈　歌　　朱璐璐　　高雅婷

WUHAN UNIVERSITY PRESS
武汉大学出版社

图书在版编目(CIP)数据

采掘工作面实时突水预测预警技术/傅崑岚等著.—武汉:武汉大学出版社,2022.6

ISBN 978-7-307-22850-4

Ⅰ.采… Ⅱ.傅… Ⅲ.煤矿开采—回采工作面—矿山水灾—预警系统—研究 Ⅳ.TD745

中国版本图书馆 CIP 数据核字(2022)第 014017 号

责任编辑:鲍 玲   责任校对:汪欣怡   版式设计:韩闻锦

出版发行:**武汉大学出版社** (430072 武昌 珞珈山)
  (电子邮箱:cbs22@whu.edu.cn 网址:www.wdp.com.cn)
印刷:武汉精一佳印刷有限公司
开本:720×1000 1/16 印张:14 字数:186 千字 插页:2
版次:2022 年 6 月第 1 版 2022 年 6 月第 1 次印刷
ISBN 978-7-307-22850-4 定价:49.00 元

版权所有,不得翻印;凡购买我社的图书,如有质量问题,请与当地图书销售部门联系调换。

序

采掘工作面的实时突水预测预警技术是矿井水灾害防控的重要前提和手段，也是近年来亟待研究和突破的重要技术问题。在采掘工作面突水通道形成及灾变演化过程中，采场围岩的各类地质信息、水文地质信息、岩石物理性质等不断演化。因此，研究突水通道形成及灾变过程中各指标的演变和突变特征，对于构建采掘工作面突水实时监测预警指标体系，建立突水监测和临突预报的预警模型，具有重要的科学意义和实用价值。

近年来，随着皖北煤电集团公司在皖北矿区下属部分矿井开采深度的增加和强度的加大以及下组煤的大规模开发，开采条件日趋复杂多变，各矿井受到下伏石炭系太原组石灰岩和奥陶系马家沟组石灰岩强含水层的威胁较大，部分矿井还受断层、陷落柱等突水影响，急需对矿井突水灾害进行实时监测和预警，以确保各煤矿采掘工作面的安全回采。

国家煤矿水害防治工程技术研究中心、皖北煤电集团有限公司、中国矿业大学通过联合攻关，针对皖北矿区采掘工作面面临的突水威胁问题，基于各矿已有的突水案例和监测数据，采用数理统计、数据挖掘、理论分析等方法，构建了采掘工作面多因素突水指标体系与预警模型，研发了采掘工作面突水实时监测预警关键技术，为矿区水害防治提供了理论与技术支撑。

本书是在对皖北矿区采掘工作面突水实时监测指标、预警模型与方法、突水水源快速识别与水量构成判断等方面取得的创新成果的基础上，由项目负责人傅崐岚组织课题组成员撰写而成的。书中的有关理论和方法已经成功应用于恒源煤矿 II633、II634 工作面的采掘实时监测预警工程实践研究中，得到了实践的检验，具有重要的推广应用价值和实践指导意义。

同时，本书的出版对于促进矿井水害防治技术发展，以及水文地质、采矿工程、安全工程、地球物理及地球化学等多学科共同应对矿井水问题的挑战将起到积极作用。

中国工程院院士

2021 年 8 月 30 日

变 量 注 释

X_n 指标的实时监测值

X_s 指标异常时的阈值

$XI(n)$ 指标变幅分级预警的幅度

XI 指标变化绝对值

$r_n(x)$ 隶属度函数

Z_n 水位实时监测值

Z_s 水位异常阈值

ZI 水位变化绝对值

Q_n 矿井涌水量实时监测值

Q_s 矿井涌水量异常阈值

$QI(n)$ 涌水量变幅

T_n 水温的实时监测值

T_s 水温异常阈值

TI 水温变化绝对值

$QI(TDS)$ TDS 实时监测值

$QI(Na^+)$ Na^+实时监测值

$QI(Ca^{2+})$ Ca^{2+}实时监测值

RK 风险警报

T 突水系数

P 工作面底板承受水压

M	工作面底板隔水层厚度
Ω	研究区范围
K	渗透系数
H	任意时刻水头
H_0	初始水头
S_s	含水层贮水率
q	渗流区的单位宽度流量
$r_n(x)$	隶属度函数

目　　录

第1章
绪　论

1.1　立项背景及意义

安徽省皖北煤电集团有限责任公司(以下简称为皖北煤电集团公司)
现辖 11 座生产矿井(其中, 安徽皖北矿区本部 6 座, 省外 5 座), 2019 年
核定煤炭生产能力 $2415 \times 10^4 t/a$ (其中, 省内 $1415 \times 10^4 t/a$, 省外省内
$1000 \times 10^4 t/a$)。皖北煤电集团公司现辖安徽省内皖北矿区 6 座矿井均属于
华北型煤田, 各矿主采煤层不同程度地受到顶底板各类水源、通道的威
胁。目前, 皖北煤电集团省内管辖矿井水文地质条件极复杂矿井一座,
复杂型矿井两座, 中等型矿井三座。据统计, 上述各矿井存在的水文地
质问题各不相同。例如, 有的矿井受到下伏石炭系太原组石灰岩和奥陶
系马家沟组石灰岩强含水层的威胁较大。但因各矿地理位置相对分散,
且所开采的煤层不同, 各矿井又不同程度地受松散层水、顶板砂岩水、
底板灰岩水、老空水等威胁, 部分矿井还受断层、陷落柱等突水影响。

随着近年来皖北煤电集团公司在皖北矿区下属部分矿井开采深度增
加和强度的加大以及下组煤的大规模开发, 开采条件日趋复杂多变, 受
水害威胁的问题仍然突出, 急需研发矿井突水灾害监测预警技术对矿井
突水进行实时监测和预警, 确保煤矿安全回采。

目前, 国内外对矿井水害监测预警技术进行了一定的研究, 但很多

理论技术还不够成熟,特别是关于多因素突水判据和预警准则等更是处于探索阶段,需要进一步系统研究。针对皖北煤电集团公司的需求,在各矿已有技术资料的基础上,研究人员首先选择典型矿井及工作面,通过监测指标的确定、综合识别模型的建立、预警阈值的探索,以及传感器与物联网硬件和软件设备的选型,然后通过突水强度类型的实时预测与风险评估,最后应用于典型工作面的实时突水预测预警。相关工作的实施对于皖北煤矿防治水技术装备的研发及防灾减灾有着重要的意义。

在上述背景下,国家煤矿水害防治工程技术研究中心、皖北煤电集团公司、中国矿业大学通过联合攻关,于2017年7月委托中国矿业大学开展"采掘工作面实时突水预测预警技术"的专题研究。主要研究内容包括监测指标的确定、综合识别模型的建立、预警阈值的研究,以及各类传感器与物联网硬件和软件设备选型,在此基础上,选择恒源煤矿典型工作面开展实时突水监测,一方面为本书的理论研究进行实践检验,另一方面也为皖北矿区防治水工作的开展提供理论与技术支撑。

1.2 矿井突水预测预警技术研究现状

1.2.1 矿井突水的临突监测预报研究现状

受我国煤层赋存条件的限制,煤矿生产受水害威胁的状况近期难以缓解,甚至有可能加重。同时,随着我国深部煤炭开采时代的来临,矿井开采条件越来越复杂,重大和特大型突水事故愈演愈烈。从近年发生的重大和特大型突水灾害来看,突水事故难以遏制的关键问题在于人们对突水的前兆规律认识不够深入,缺乏有效指导煤矿突水预测和预报的系统理论、方法和手段。能否及时监测到此类灾害前兆信息是预防事故并及时撤离作业人员的关键所在。

实践证明，要防止突水灾害事故的发生，预测（临突预测）是关键，准确的预测除了要掌握突水通道的形成、灾变演化规律及致灾机理外，还需选定科学、有效的监测指标（前兆信息）并建立准确的识别及预警模型。理论研究表明，采动引起的底板变形、破断、移动，再到突水通道的形成是导致底板突水的根源，而突水的形成则是一个从孕育、发展再到发生的渐变过程，是一个多因素综合作用的结果，一般都有明显的前兆。突水的发生则是各种前兆信息达到极限状态的必然反应，表现为水文地质参数、应力参数以及地球物理场参数等各种关键参数的综合显现。上述参数由于通常具有多源性、时变性等特点，传统的数据获取、处理和分析手段很难进行有效融合，进而导致数据分析的精确性降低，并影响应急决策的有效性。

同时，传统的矿井水害预测预报理论和方法主要是以地质、水文地质条件和开采条件等为基础，应用水文地质、工程地质、采矿工程等学科，从矿井水害发生的影响因素、发生机理的角度研究矿井突水的预测预报，但因过于依赖地质及水文地质条件的勘探成果和获取资料的准确程度，传统手段往往很难满足要求，导致目前矿井水害预报的准确度和时效性很低。近年来，随着现代数据采集技术、信号传输技术以及多源信息融合技术的发展，为利用传感器等手段在井下获取与突水前兆规律有关的一些直接或间接信息，并进行多种前兆信息的有效融合从而实现临突监测预报提供了技术上的支持。

另外，作为国家对煤炭产业发展和煤矿安全生产的需要，"重点研究开发矿井瓦斯、突水、动力性灾害预警与防控技术"被列为《国家中长期科学和技术发展规划纲要（2006—2020）》"重大生产事故预警与救援"重点研究领域中的优先发展主题[1]；"在新的采矿环境下，煤矿突水机理、实时监测、灾害预报以及防控技术"等则作为国家《安全生产科技发展规划》的基础研究和重点科技攻关内容。由此可见，国家对矿井水害防治的基础研究，尤其是对水害监测、预警等所涉及关键技术研究给予高度重视。

一直以来，矿井突水的预测预报是水害防治领域研究最为热门的问题，依赖于对实际地质及水文地质条件的精确探查和准确把握。总体上，目前的研究成果可以分为突水的空间预报和时间预报，或称为矿井突水的中长期预报和临突预报[2]。

对于中长期预报来说，在对突水机理认识不断深入的基础上，研究尤为活跃，我国学者开展了基于各种方法和手段的突水预测预报研究，由于大量软科学决策方法的引入，使得突水预测进入了一个信息化决策时代。总体来讲，目前的各种突水预测预报研究处于"定性不定位"的水平，即只对"突"与"不突"作出判定，而对"什么地方突"，尤其是"什么时候突"的结果则不甚明确。

而矿井突水的临突监测预报则主要是通过捕捉与矿井突水有关的异常前兆信息来判断矿井突水与否，这与煤矿的冲击矿压灾害的预警原理基本相同。虽然相关基础研究从 20 世纪 80 年代已陆续开展，但目前尚处于起步阶段，而要实现突水灾害事故的临突预报，除了要确定有效的突水前兆监测指标外，还需要选择有效的信号检出和识别方法以及科学的预报和预警模型。在以往研究中，中国矿业大学研究团队先后承担并完成了国家 973 计划项目"煤矿突水机理与防治基础理论研究"、"西部煤炭高强度开采下地质灾害防治与环境保护基础研究"，国家重点研发计划项目子课题"基于采动时空演化的突水危险性评价模型与辨识方法"，国家重点研发计划项目"煤矿区场地地下水污染防控材料与技术"（在研）和国家自然基金重点项目"水资源保护性煤炭开采基础理论与应用研究"、"积水采空区围岩导水通道形成机理及突水、疏放渗流规律研究"等一系列重大科研攻关项目，发现底板采动过程中的应力应变、孔隙水压力[3]、水量、水温、pH 值、TDS、硬度、氧化还原电位、水质类型、岩温、微震以及视电阻率等指标[4-12]作为底板突水监测预报有效信息源的可行性，并对底板采动过程中的应力、应变、原生裂隙以及水温等 13 个可测信息源进行了分析。在有关突水前兆信息的检出手段和识别方面，有学者利用高精度微震监测技术进行了煤矿突水危险监测的工程实践；基于光纤光栅通信和传感技术对突水前兆信息进行了监测[13]；基于声发射监测研究了井下干扰信号的识别、声发射信号的预处理和突水前兆特征信息获取方法[14]；有学者提出了突水灾变过程的电阻率约束反演成像实时监测方法，研究了岩溶水体和不良地质体在地球物理场上表现出的响应特征，并分析了遇到该类介质时表现出的特殊前兆信号信息以及辨识导致灾变的前兆信息的方法。针对矿井突水过程的临灾预警，国内学者将岩体的"静态"存在(构造)特征和"动态"破裂过程视为一个整体来对突水通道进行预测，建立了关键层及构造体的静态探测与动态监测的突水预警模型，并提出了各类突水的判别标准和预警级别确定方法[15]。

上述成果都及时捕捉到了现代研究手段的决策方法和思路并应用到矿井水害的预测预报当中，但限于矿井突水致灾机理的复杂性，目前还只能实现矿井突水的中长期预报。而大量的突水实例证实，突水发生过程中，水文地质参数、应力参数以及地球物理场参数均有明显反映，这些数据通常可利用各种传感器获取，由于这些多传感器获取的海量数据通常具有多源性、时变性等特点，传统的数据获取、处理和分析手段很难进行有效融合，进而导致数据分析的精确性降低，并影响应急决策的有效性。通常在利用这些数据进行突水预测预报时，往往对某些显著因素进行重点观测或多种简单预报方法的机械组合，未能实现上述多源信息的实质性融合，导致预测结果多解性问题依然严重。

可见，基于突水致灾机理的复杂性以及致灾因素的多样性，要实现突水灾害的监测预报，单单依靠某一种方法或监测某一种特征参数很难奏效。同时，在实际复杂的"三高一扰动"的开采系统中建立精确的数学模型和物理模型也是难以跨越的鸿沟。因此，通过利用多种基于不确定性推理的融合方法的互补来实现多因素综合监控、融合，进而实现突水监测预报是必然的发展方向。

1.2.2　矿山监测技术研究现状

1. 微震监测技术研究现状

矿山微震技术的定位功能是其主要功能之一。通过对微震波形的分析，可以获得大量的震源信息，例如震源定位(震源半径、发震时刻、震级大小微震能级、震矩、振动峰值速度、应力降及震源机制等)。这些参数具体应用到采动微地震研究，可以对采矿工程进行较精确的定量描述。微震监测技术在国外起步得较早[16-17]。1908 年，为了探测和评价矿山井下开采诱发的地震活动，德国某煤盆建立了第一个专门用于监测矿山地震的观测站，井下布置了早期的水平向地震仪。19 世纪 20 年代，在波兰的上西里西亚煤盆，建立了第一个用于监测地震活动的地震台网，该台网主要包括 4 个子台站，台站内装有水平向地震仪。并且，其中的一个台站安装于煤矿的井下[18]。1939 年，南非科研人员为了研究矿山开采与地震活动的联系，在矿区地表组建了监测台网，包括 5 个子站，主要的监测仪器为机械式地震仪，并在真正意义上揭示了矿山开采与地震活动性的关系。在 20 世纪 40 年代，美国矿山安全与健康管理局提出了采用微震法监测采动造成的岩层破裂。20 世纪 60 年代，波兰利用微震监测技术对岩爆(冲击地压)进行研究，尤其在煤矿领域微震监测系统几乎覆盖了该国整个煤矿行业[19]。1958 年，国内首次进行了矿山岩爆活动监测，所用设备为中科院地球物理所研制的微震仪。此后，中国地震局、长沙矿山研究院等单位，相继在唐山、北京门头沟、房山、陶庄等地进行了矿山地震监测，设备也由地震仪替换为波兰的地音仪。近年来，地球物理学的快速发展，特别是数字化地震监测技术的应用，为小范围内的、信号较微弱的微地震研究提供了必要的技术基础。近期，国外一些公司的研究机构和大学联合，为了验证和开发微地震监测在地下岩石工程中的巨大技术潜力，进行了一些重大工程应用实验。随着经验的积累和技术手段的提高，初步证明微地震可在现场附近进行观测并能对其进行比较精确的定量研究。微地震研究取得的良好效果，为采矿工作提供了大量有益信息，极大地激发了矿业公司投资此类监测及研究的积极性[20]。微震技术能灵敏地发现突水点及地应力变形区域，但采矿活动对微震技术造成的干扰也不可忽视，如何准确无误地揭示突水事故发生地情况是矿山微震技术的未来发展方向。

2. 物联网在矿山防治水中的应用研究现状

矿山物联网技术，依托井上下高速网络建设传感网，通过多种、泛在的传感器对矿山环境、设备、人员等体征进行实时监测、感知、交互与控制，实现感知灾害风险[21-24]。矿山物联网综合、动态地采集与融合多源信息，基于矿山物联网可以提升矿井突水的监测、探测及预测预警水平，是感知矿山灾害风险的重要内容，为新时期矿井防治水提供新的解决方案。通过物联网实现微震信息及电磁法信息整合传输的关键与难点是突水监测装备的智能化与网络化。目前，国内外突水信息获取主要采用监测和探测结合的方式。水文地质、应力应变、采掘面定位已实现或基本实现在线监测。靳德武[25-27]、张小鸣[28-29]等开发的水温、水压、应力、应变4参量监测系统，监测采掘过程中4个参量变化，用于底板突水监测预警。张建中[30]等采用 M-BUS 和 RS-485 总线实现了水压、水温、流量多参数水文监测。矿井突水中的采动煤岩破坏主要采用物探探测与后期分析的方式，基本实现网络化。

除此之外，在煤炭开采前及开采过程中其他的探测手段，如瞬变电磁、高密度电法等物探手段，地质、水文钻孔等钻探手段普遍应用。另外，将水位、压力、温度等传感器借助于钻探手段监测井下数据，矿井各含水层取样的水质检测结果等都为实时突水预测预警技术的研究提供了有力依据。

1.2.3 矿井突水水源判别研究现状

矿井突水水源判别技术是矿井水害防治中的一项关键技术，地下水作为矿井水害的主要源头，确定其来源对于矿井防治水的预测、预报或治理工作是至关重要的。不同含水层的水化学特征各不相同，而且矿井充水水源复杂多样，地下水的水质特征是水源类型判别的基本依据。水源判别方法主要有代表离子法、微量元素法、同位素法等。

代表离子法普遍应用于矿井突水水源识别，矿区不同含水层中无机物含量存在一定的差异，通常选取含水层的 7 个代表性离子（K^+、Na^+、Ca^{2+}、Mg^{2+}、Cl^-、SO_4^{2-}、HCO_3^-）为判别因子进行突水水源判别。常用 Piper 三线图以及聚类分析进行统计，再使用数学方法进行分析[31-32]。黄祖军等依据离子相对含量及特征离子比对进行水源类别判别，依据 Na^+ + K^+ 和 Ca^{+2} 离子比值确定了顶板砂岩水为突水水源[33]。杨永国等利用灰色关联度建立水源非线性判别模型，取得良好的效果[34]。鲁金涛采用 PCA-Fisher 判别模型，利用 PCA 消除判别因子之间的相互影响，再使用 Fisher 判别水源类型，其判别精度较传统方法大大提高[35]。刘剑民[36]等利用矩阵方程分析和模糊综合评判分别建立突水判别模型，结果表明两种模型在判别突水水源上都具有一定的指导意义，但还存在局限性。中国矿业大学的闫志刚、白海波[37]建立了矿井涌水水源识别的 MMH-SVM 模型，该模型可正确辨识各类突水水源，有效提高了辨识精度。

微量元素法是利用微量元素对含水层标型，获取小范围内的水文地质变化和地下水循环的特点，根据微量元素的运动特征获得充水含水层的水化学特征，据此可为突水预警和突水水源识别提供重要的参考。Vincenzi V.[38]等根据微量元素示踪的原理对煤矿排水进行了分析，得到了较好的结果。陈陆望[39]等利用任楼井田其他生产矿井的长观孔、矿井出水点，分别取第四系含水层、二叠系煤系砂岩含水层、石炭系太原组岩溶含水层及奥陶系岩溶含水层等水样，得到了 8 种主要突水含水层微量元素，建立了突水水源 Bayes 线性判别模型，发现水文地质作用和地下水循环对于识别模型的最终辨识具有相当大的影响。

同位素示踪技术在科学技术的支持下被广泛应用。同位素基本上不和其他成分发生反应，对于水的守恒化及示踪效果较佳，利用稳定同位素追踪地下水的运动规律，对判别突水水源具有较大的研究意义。M. Geobe[40] 等使用同位素 Sr 和 $\delta^{18}O$、δ^2H、^3H 进行起源探索，得到了所研究的含水层是多个含水层水源聚集和水-岩互作用的结果。黄平华、陈建生[41] 采集并测定了各种水体的氢氧同位素，得到了矿区浅层孔隙水和深层裂隙水 δD-$\delta^{18}O$ 组成关系，通过对比分析确定了焦作矿区地下水来源。

随着计算机技术的发展以及数学方法在水源判别方法的应用逐渐完善，目前矿井突水水源判别技术总体上日趋成熟，但如何选择合适的方法来提高水源判别的准确度一直是学者们不断突破的方向。基于此，在对水源判别方法进行选取时结合研究区含水层水文、地质及水化学特征，建立起突水与充水含水层水化学方面的内在联系，才能从源头上进行防范。

1.2.4　临突监测预警设备研究现状

国内外煤矿突水的理论研究一直在不断地完善。随着科技进步，地质探测及监测技术与时俱进，多种监测设备也应运而生，可用于验证理论的正确性，对煤炭的开采提供了安全保障。

20 世纪 70 年代，在矿井勘探以及水文地质环境探查方面开始使用探地雷达。近几年各种各样的高新技术勘察装置用于矿井的生产建设，如德国 DMT 生产的 Summit Ⅱ井下防爆槽波地震仪、美国 Geometries 和 EMI 联合生产的 EH-4 连续电导率剖面仪。在国外，还存在一些高集成化系统设备，如美国、德国等国研制的 DAN6400、MINOS 和 TST 等系统，可动态监控矿井生产不同过程中岩体的电导率变化。

21 世纪以来，监测装置逐渐高度集成化，大量突水综合检测仪器相继问世。中煤科工集团的靳德武等利用光纤光栅芯片自主研发了水温-水压传感器[42]。山东大学李术才[43]等在自主研发光纤光栅位移、应力、渗压和温度传感器的同时，还引入了电阻率层析成像监测系统，取得较为良好的效果。随着地球物理监测技术的不断完善，微震监测技术在煤矿防治水中应用较多，相应的设备取得了巨大的进步[44-46]。1986 年，我国开始了微震监测方面的研究，利用从波兰引进的一套模拟信号 8 通道微震监测系统(SYLOK)开展地震监测。目前在我国比较先进的微震系统是南非 ISSI 公司高精度微震监测系统。基于特征离子、微量元素、同位素的突水水源判别技术在不断发展，其检测设备也得到了不断完善。目前，监测特征离子存在多种仪器，如 HydrionX 多参数离子分析仪可快速测定 Ca^{+2}、K^+、Na^+、Cl^- 等离子。利用 LIF 技术对矿井突水水源的特征光谱进行识别，具备灵敏度高[47-48]、样品动态测量[49]、分辨率高[50-51]以及水源在线检测分析等优点。LIF 监测系统普遍采用 405nm 激光器以及美国 Ocean 公司的 USB2000+荧光光谱仪，仪器便于携带，测量效果好。

光纤光栅传感器、微震监测系统以及 LIF 监测系统的联合使用能根据煤矿井下环境的变化进行准确地判别和捕捉到突水水源信息以及突水通道形成的重要前兆信息，为矿井突水灾害的预测提供决策依据，这对矿山灾害防治及煤矿安全生产的基础理论与方法的研究具有重要的意义。目前我国针对煤矿防治水的实时监测设备基本上以监测水位、水温等单个指标为主，对于其他水质指标以及多指标综合监测设备需要进一步研究。

1.3 主要研究目标及内容

1.3.1 研究思路

本书是以受水害威胁的皖北煤矿为研究背景，在前期基础水文、地质工作开展并查明突水水源及通道的基础上，确定相关的监测指标，结合微震等监测手段实现各指标的实时监测，并建立模型，实现突水的分级预警，在此基础上选择典型矿井的典型工作面开展实时监测，为矿井的安全生产提供水文地质保障。

矿井突水事故的发生是由多种影响因素共同作用产生的，底板或顶板突水的发生总体上可归结为承压水的存在、隔水层的阻水能力、采动影响三个方面。以突水危险源为出发点考虑其中可反映此种变化的指标，如水压、水量、水质、地球物理场、围岩应力应变等。在确定突水水源、突水通道的相关监测指标前提下，通过室内试验确定指标的有效性，研发基于微震的采动破裂导水通道的实时监测，并与电磁法耦合实现煤矿突（透）水监测的预警系统；各项指标的采集与传输建立综合识别模型及预警阈值，对突水强度类型进行预测及突水风险等级进行评估。

本书的研究是理论研究、现场实测等的结合，实施过程大体步骤如下：首先根据突水预警研究的现状进行理论研究；其次是选择工程示范点，根据现场资料，分析矿井工程、水文地质背景，已有监测手段，监测指标等，确定研究需要添加的监测手段及监测指标；然后，构建基于单因素、多因素的突水预警模型，以实现突水的分级预警系统；最后结合矿区水文地质条件、可实现的监测手段、数学模型、软件等，构建采掘工作面实时突水预测预警体系。

1.3.2 研究内容及技术路线

按照上述整体研究思路，本书的主要内容包括以下 6 个方面：

1. 矿井突水监测指标体系研究

煤矿突水影响因素复杂多样，突水事故的发生是由多种原因共同作用产生的，在前期基础水文地质工作开展并查明突水水源、通道的基础上，充分统计皖北煤电公司各矿或其他矿区典型突水案例，结合已有研究成果，研究确定各突水案例的影响因素、主控因素。在此基础上，研究确定各类典型突水案例的可测、可量化监测参数(包括水压、水位、水温、水质等)及其有效性。

2. 矿井突水单因素预警模型的构建

针对皖北矿区水文地质条件的分析及通过整理研究区已有的监测数据，计算、统计各监测指标的正常范围和异常范围，基于正常范围确定指标正常情况下的上限值或下限值。分析突水案例中各指标变化的幅度，根据各个指标变化特性，确定分级预警过程中每个级别的合理阈值和准则。

3. 矿井突水多因素预警模型的构建

基于分级预警阈值，引入风险理论构建风险评价矩阵，利用模糊评判的相关原理，计算各单因素作用下预警值，根据风险等级确定每一级的评价值阈值。在矿井突水指标等级划分的基础上，根据每个指标级别提出相关的影响权重，并计算其权重，建立基于 AHP 的矿井突水多因素监测预警模型。引入 BP 神经网络理论，通过对收集数据的学习训练，构建基于机器学习的矿井底板突水预警系统。

4. 突水强度、水源快速判别与定量构成估算

统计皖北煤电公司下属各矿已有各突水案例及其突水的最大水量，在分析突水强度及灾害类型的基础上，结合《煤矿防治水细则》中对不同水量的级别判别及已有研究成果，确定各类突水的强度类型，建立上述各监测预警指标与突水强度类型之间的关系，并按照一定的矿井水质标准和数学评价方法准确的指出矿井突水的水源，为综合确定风险级别评估提供依据，同时也为矿井水的防治提供依据。

5. 矿井突水监测指标参数采集技术及设备选型

在上述研究确定各矿典型突水案例主控因素的基础上,通过调研,研究确定各可测因素参数的采集方法,并提出最优(技术上有效、经济上合理)的数据采集传感器选型、传感器布设监控方案。同时,结合皖北煤电下属公司各矿现已建设的水文地质信息监测与采集网络,补充设计必要的监测网络建设方案。

6. 典型采掘工作面实时突水监测与示范性应用

结合已有研究成果,选择矿区 1~2 个典型工作面,提出工作面实时突水监测的方案,并开展示范性应用,根据应用情况,验证、优化监测系统的布置及改进综合识别模型。

1.3.3 研究目标

研究技术路线如图 1-1 所示。

本书研究的最终目标是在皖北矿区已有水文地质工作的基础上,结合矿井水害防治工作经验,开展具有采动变形和突(透)水潜势监测功能于一体的矿井水害监测预警技术研究,研发基于物联网式的微震与电磁法耦合监测网络,并开展煤矿突(透)水监测预警方法研究与装备选型,从矿井水害发生的三个必备条件(水源、通道与强度)出发,进行矿井水害的实时、线状、面状监测预警,实现采动变形和突(透)水潜势同时监测预警的目标。最终将实时监测系统运用到 1~2 个典型工作面,提出工作面实时突水监测的方案,开展示范性应用,并根据应用情况,验证、优化监测系统的布置及改进综合识别模型。结合研究的主要内容,本书将分为三个阶段进行,各阶段目标如下:

①理论研究与设备选型阶段:主要实现矿井突水监测指标体系的确

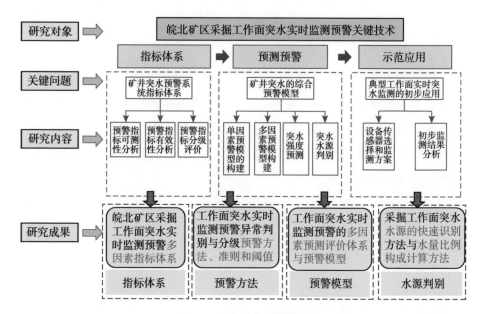

图 1-1 研究的技术路线图

定与突水监测指标参数采集技术中传感器等自动监测设备的优化与选择，并建立矿井突水的多参数综合识别模型，针对突水强度类型进行风险预测及风险级别评估。

②矿井突水监测预警研究及装备选型阶段：主要研发和建立矿山物联网技术并将各类传感器实现信息交互、传输与处理，通过物联网监测系统的调试与实际测试工作，不断优化物联网结构，提高突水信息的高速传输与实时处理水平。

③实际应用研究阶段：主要将实时监测系统初步应用到典型工作面，提出工作面实时突水监测方案，并开展示范性应用，根据应用情况，验证、优化监测系统的布置及改进综合识别模型。

根据上述研究内容及目标，国家煤矿水害防治工程技术研究中心、皖北煤电集团公司、中国矿业大学通过联合攻关，自 2017 年以来，紧密围绕矿井实时突水监测预警指标体系及预警系统构建这一关键问题展开研究：课题组先后于 2017 年年底完成了突水预测预警指标的有效性、可靠性分析，并根据各项指标的监测难易程度及敏感性进行了等级划分；于 2018 年通过对矿区的实际调研和监测指标数据的系统研究，建立了矿井突水预警的单因素、多因素指标体系与预警模型，提出了各个指标异常时的判别准则和分级预警标准，利用皖北矿区现有监测设备及手段，于 2018 年 6 月设计并提出了典型煤矿若干可测指标传感器的选型及布设方案；随后，根据现场实际情况，选择在恒源煤矿Ⅱ633（实施完成）、Ⅱ634 工作面（正在实施）对各监测指标的现场可测性、有效性进行了实施应用。

　　本书在国家煤矿水害防治工程技术研究中心、皖北煤电集团公司，以及中国矿业大学通过联合攻关取得皖北矿区采掘工作面突水实时监测指标、预警模型与方法、突水水源快速识别与水量构成判断等方面的诸多理论创新成果的基础上，进行了系统总结，在矿井水害的临突监测与实时预警方面积累了诸多有益经验，具有重要的推广应用价值和实践指导意义。

第 2 章
矿区地质及水文地质条件

皖北煤电集团公司在皖北矿区所属 6 座矿井中有 5 座位于淮北煤田，淮南煤田仅有朱集西煤矿，本章介绍的淮北煤田以公司所属 5 座矿井所在区域为主，淮南煤田以朱集西煤矿所在区域为主。

2.1 地层

2.1.1 淮北煤田

皖北煤电集团公司的主体部分位于淮北煤田，属华北地层区，鲁西分区徐淮小区，基岩均为新生界松散层覆盖，区域基底由太古代和早元古代深、中深变质岩系及中元古代浅变质岩系组成，区内未见地面露头。盖层是稳定地台型沉积，有上元古界青白口系至古生界二叠系，总厚度约 3000 多米；中生代侏罗系、白垩系及老第三系主要分布在断陷盆地内。区内缺失晚奥陶世至下石炭世地层和三叠纪地层。

平原地区均为新近系和第四系松散层覆盖。地层综合柱状如图 2-1 所示。

1. 古生界

下古生界寒武系和奥陶系主要由碳酸盐岩组成，区内广泛分布：

系	代 号	厚 度 (m)	煤层、含水层	岩 性 特 征
第 四 系	Q_4 （全新统）	26	一含	近地表为 3~8m 的耕植土;下部为黄灰色细粉砂或砂土与黏土互层;底部分布 1~数层灰黑色黏土。
	Q_3 （上更新统）	65	二含	上部为褐黄色砂质黏土与黏土互层，含砂浆和铁猛质结核;下部为黄灰色中、细砂层;最底部发育有石英砾石层。
	Q_2 （中更新统）	45	三含	上部为棕红色及肉红色黏土和砂质黏土;下部为褐黄色及肉红色砂砾及砂质黏土;底部灰白色中细砂，夹灰岩砾石。
	Q_1 （下更新统）	65	四含	上部为灰白色泥灰岩，溶洞、裂隙发育，洞径大者有 0.2~ 1.0m，小者为蜂窝状;下部为灰绿色砂质黏土;底部为灰绿色、褐黄色黏土。夹中、细砂及砾石，有时与泥灰岩互层。
第三系	R	0~ 15		上部为棕红色黏土及砂质黏土，顶部见铁锰质及钙质结核;下部为棕黄色至棕红色砂质黏土、砂砾层，偶见块状泥灰岩。
二 叠 系	P_{2sh} （上石盒子）	>610		以中细砂岩、粉砂岩为主，夹泥岩和薄煤层。下部含煤 8~12 层，大多数稳定，局部可采煤层 1~2 层，煤组编号为 1、2、3..... 。
	P_{1z} （下石盒子）	245~325 平均 280		以中细砂岩、粉砂岩为主，夹 2~3 层鲕状泥灰岩。上部含 4 煤组，中部含 5~6 煤组，下部含 7、8、9 煤组，均可采，其中 8 煤为特厚煤层，是本区标志层之一。8、9 煤层间距较小，为分叉合并关系(9 煤通常合并于 8 煤)。底部为铝质泥岩,0~4.7m，一般 3m 左右。
	P_{1sh} （山西组）	102~167 平均 120		为本区主要含煤地层，煤系总厚 1010m，含煤 19~58 层，可采及局部可采者 8 层，平均厚度 20.6m。上部以中细砂岩为主，泥岩、粉砂岩次之，夹薄层或透镜体状菱铁质砂岩;中部以深灰色厚层状中细砂岩为主，夹薄层状泥岩、粉砂岩，含主采煤层 10;下部为深灰色厚层状砂质泥岩或粉砂，层位稳定，变化不大。
石 炭 系	C_{3t} （太原组）	160.9	太灰	含煤 4~6 层，薄且煤质差，含 10~14 层石灰岩，自上而下编号为 1 灰、2 灰、..12 灰，其中 3、4、6、10 灰较厚，多在 6m 以上，4 灰局部可达 26.5m,3、4 灰裂腺溶洞发育，含水丰富。上部为砂岩，粉砂岩，夹薄层石灰岩 2~3 层，不含煤;中部以石灰岩为主，夹泥岩、粉砂岩，含薄煤 1~2 层，均不可采;下部为粉砂岩、砂岩，夹薄层石灰岩，含 3~4 层薄而不可采煤层。
	C_{2b} （本溪组）	14.34 （揭露厚度）		泥岩、铝质泥岩、粉砂岩互层。
奥 陶 系	$O_{1.2}$ （下中奥陶系）	133.47 （揭露厚度）	奥灰	深灰色厚层状隐晶质、细晶质及白云质灰岩，裂隙溶洞发育，富水性强。

图 2-1 淮北煤田综合柱状示意图

区域寒武系层序完整,下寒武统厚度为 255~455m,由深灰岩、紫色页岩、豹皮石灰岩(白云岩)、石灰岩等组成;中寒武统厚度为 250~305m,由粉砂岩、石英砂岩、鲕状灰岩等组成;上寒武统厚度为 170~225m,由竹叶状灰岩、鲕状灰岩、白云岩及豹皮灰岩等组成。

奥陶系不完整,缺失晚奥陶统沉积,中奥陶统分布也不稳定。下奥陶统厚度为 430~505m,主要为灰色中厚层灰岩、豹皮白云岩(灰岩)、角砾灰岩组成,局部见紫红色页状灰岩、燧石结核等;中奥陶统厚度为 0~45m,由中厚层灰质白云岩、白云质灰岩、白云岩组成。奥陶系这套巨厚碳酸盐岩系组合为岩溶发育奠定了良好的物质基础。

上古生界石炭系和二叠系主要由海陆交互相和陆相碎屑岩组成。本区缺失下石炭统;中石炭统本溪组沉积不稳定,厚度为 0~22m,由灰紫色、浅灰色铝土岩或鲕状铝质泥岩及紫红色铁质结核组成;上石炭统太原组厚度为 120~160m,由 12 层左右的薄层灰岩与黑砂岩、泥岩互层组成,含 1~11 层薄煤(部分可采)。二叠系总厚度大于 2000m,主要由海相、海陆过渡相、沼泽相的泥岩、砂岩和煤层组成,为本区的主要赋煤地层。

2. 中生界

中生界侏罗系和白垩系主要为陆相碎屑岩沉积,局部有火山碎屑岩堆积。侏罗系厚度大于 800m,由粉砂岩、细砂岩及砂质泥岩等互层组成;白垩系厚度大于 1350m,由灰绿、紫红等火山碎屑岩、砂砾岩、砂岩等组成。

3. 新生界

新生界地层包括新近系、第四系,为一套陆相碎屑岩。新近系研究程度较差,属于山间拗陷和段块盆地内陆相碎屑岩沉积。主要分布在宿县西北部广大地区,大多隐伏在第四系之下,厚度不稳定,西北部大于

1000m，至本矿区中部的低山、残丘地段厚度为0~70m；第四系主要为冲洪积相、湖积相的黏土、砂质黏土、砂、砾石等组成，以黏土和砂相间分布的混合堆积为特征(含有泥灰岩、薄层石膏、泥炭薄层等)，厚度变化大，0~200m，一般为50~150m。

2.1.2 淮南煤田

朱集西煤矿位于淮南煤田潘谢矿区，区域煤系全部被新近系~第四系松散层所覆盖。根据邻区资料及本区钻探揭露，有奥陶系、石炭系、二叠系、三叠系、新近系、第四系，现由老至新分述如下，如图2-2所示。

1. 奥陶系中下统马家沟组(Q_{1+2})

本区为石炭、二叠系含煤建造的基底，厚度约为113.00m。据邻区资料，岩性主要为灰~浅灰色、浅紫红色厚层状灰岩、白云质灰岩组成，隐晶~细晶结构，质纯、性脆、较坚硬，裂隙、溶洞较发育，下部为灰岩、泥质灰岩夹紫红、灰绿色泥岩，具水平、缓坡状层理。

2. 石炭系(C)

①中统本溪组(C_2)：

据邻区资料，本溪组平均厚度为3.05m，主要为浅灰微带青灰色铝铁质泥岩，具紫红、锈黄色花斑，局部具鲕状结构，含较多黄铁矿。本溪组假整合于奥陶系之上。

②石炭系上统太原组(C_3)：

本区39-2、43-1等6个钻孔揭露太原组上部地层，其中北十六4孔揭露最大厚度为97m，未见底界。综合邻区钻孔资料，太原组平均厚度113m，由13层灰色、深灰色石灰岩、生物碎屑灰岩与泥岩、砂岩组成，石灰岩总厚53.53m，占44.6%，含不稳定薄煤层7~9层，多不可采。石

界	系	统		煤层、含水层	厚度（m）	主 要 岩 性
新生界	第四系	全新统		一含	40~600	浅黄、灰黄色黏土夹砂层
		更新统		二含		
	第三系	上	上新统	三含	1170~1528	灰绿色、浅棕黄色，固结黏土夹砂层
			中新统			
		下	渐新统		956~2057	浅灰色、棕褐色砂泥岩及其互层夹砂砾岩
			始新统			
中生界	白垩系	上统			>647	紫红色粉、细砂岩、沙砾岩
		下统			1844	棕红色泥岩、粉砂岩，细-中细砂岩
	侏罗系	上统			>637	凝灰质沙砾岩，凝灰岩和安山岩
	三迭系	下统			>446~316	紫红色砂、泥岩
古生界	二叠系	上统	石千峰组	顶砂岩	114~260	杂红泥岩细-粗砂岩，夹石英砂岩、砂砾岩
			上石盒子组		316~566	灰绿色、浅灰色砂、泥岩，底含石英砂岩，含煤层
		下统	下石盒子组		10~265	灰色岩、泥岩及其互层,底含粗砂岩，含煤
			山西组		52~88	上部细至粗砂岩，下部深灰色泥岩，含煤层
	石炭系	上统			102~148	灰岩为主，泥岩和砂岩，含薄煤层，不可采
		中统		太灰	3~32	铝质泥岩，含铁质
	奥陶系	中统			145~620	含泥质、灰质白云岩夹白云质灰岩，顶部夹薄层页岩
		下统		奥灰		
	寒武系	上统			181~300	微晶至细晶质白云岩及鲕状白云质灰岩
		中统			335	鲕状，结晶白云质灰岩夹页岩,粉砂岩及石英砂岩
		下统		寒灰	>668~471	厚层状、虎皮状、生物碎屑灰岩
震旦亚界	青白口系	徐淮群			242~477	灰质、泥质白云岩，白云质灰岩，具竹叶状
		八公山群			542~696	泥灰岩，页岩及其互层，石英砂岩
下元古界		霍邱群		片麻岩裂隙水	>1045	灰绿色角闪片岩，片麻岩

图 2-2　淮南煤田综合柱状示意图

灰岩中含丰富的海百合茎及蜓科、珊瑚等动物化石，在砂泥岩中常见有较多的腕足类及个体较小的辦腮类化石，也有少量植物化石，为本区含煤地层之一。其岩相为一套以浅海相沉积为主的过渡相及泥炭沼泽相沉积建造，太原组整合于本溪组之上。

3. 二叠系(P)

二叠系平均总厚度为958.95m，分上、下统四个组，其中山西组，上、下石盒子组为含煤地层，平均厚度为749.39m，含煤20～30层，可划分7个含煤段；上部石千峰组为非含煤地层，底部以太原组一灰之顶作为分界并整合于石炭系太原组之上。

4. 三叠系(T)

为一套陆相红色碎屑岩沉积建造，岩性主要由棕红色、紫红色砂岩、粉砂岩、泥岩组成。该地层在本区均被剥蚀，在区外朱集东5-1孔揭露厚度132m，与下伏石千峰组呈整合接触。

5. 侏罗系(J)

主要分布在勘查区东北边缘的F_{200}断层上盘，厚度不详，29-6孔揭露厚度为333.34m。经野外观测和取样镜下鉴定，由一套浅灰～灰白色、深灰、灰紫等杂色巨厚层状含钙粗凝灰岩、含火山碎屑粉晶碳酸岩、菱铁质岩、角砾岩、细～中砂岩及砂质泥岩组成。

6. 新生界

①下第三系(E)：

厚度>500m，主要分布在勘探38线以西和F_{201}断层以北地段，本区39-4孔揭露最大厚度为485.05m。由一套棕红色为主的杂色粉、细砂岩、砂砾岩及砾岩组成，砾石成分多以灰岩、石英砂岩为主，砾径3～60mm，多为棱角状和次棱角状，胶结物为泥质和粉砂质。

②上第三系~第四系(Q+N)：

厚度为312.55~540.35m，平均厚度为448.55m。上部主要为第四系松散层，厚度为77.05~100.75m，由褐黄色粉砂、黏土质砂、青灰色粉细砂、黏土、砂质黏土等组成。岩土中含砂礓和铁锰质结核，顶部富含砂礓和铁锰质结核与蚌壳碎片。中部为灰绿色~灰黄色中厚、厚层中砂、细砂及黏土质砂组成，厚度为198.60~319.62m，分布稳定。中、下部主要由灰绿色厚层黏土、砂质黏土组成，厚度为31.94~101.49m。底部主要由灰白色中细砂及下部砂砾层、含砾黏土组成，局部夹黏土透镜体，厚度为5.70~100.30m。

2.2 可采煤层条件

2.2.1 淮北煤田

淮北煤田含煤岩系为华北型石炭、二叠纪地层。由于石炭系太原组所含煤层厚度薄，分布不稳定，多不可采，仅二叠系的山西组与上、下石盒子组含主要可采煤层。

淮北煤田内本矿区的二叠系共含煤5~25层，煤层平均厚度为7.10~23.35m。可采煤层13层，平均总厚度为22.89m。其中7_2、8_2和10为主要可采煤层，平均总厚度为6.61m；3_1、3_2、5_1、5_2、6_1、6_3、7_1、7_3、8_1和9为局部可采煤层，平均总厚度为16.28m。总体来看，淮北煤田内本矿区煤层的层数呈东多西少和南多北少的分布特征。

2.2.2 淮南煤田

区内含 12 层可采、局部可采煤层，依次分布在上、下石盒子组和山西组地层中，各可采煤层情况见表 2-1 和表 2-2。

表 2-1　　　　　　　　　　　　各含煤段含煤系数表

系	统	组	含煤段	含煤段厚度	含煤层数名称	煤层厚度（m）	含煤系数（%）
二叠系	上统	上石盒子组	七	158.80	$\frac{4}{22\sim25}$	1.47	0.93
			六	100.38	$\frac{3}{18\sim20}$	2.41	2.40
			五	85.37	$\frac{4}{16\text{-}1\sim17}$	2.60	3.05
			四	96.37	$\frac{4}{12\sim15}$	4.51	4.68
			三	84.65	$\frac{3}{11\text{-}1\sim11\text{-}3}$	2.60	3.07
	下统	下石盒子组	二	138.29	$\frac{10}{4\sim9}$	14.51	10.49
		山西组	一	85.58	$\frac{2}{3\text{-}1\sim3\text{-}2}$	4.52	5.28
合计				749.44	30	32.62	4.35

表 2-2　　　　　　　　　　　　可采煤层情况一览表

煤层号	穿过点	可采点	不可采点	沉缺点	冲刷点	断缺点	煤层厚度最小~最大 平均	夹矸层数 1	夹矸层数 2	夹矸层数 3	合计	百分数	结构类型	可采指数（%）	变异指数（%）	可采性	稳点性
17-1	78	43	12	17	5	1	0~2.14 0.73	3			3	5	简单	59	68	局部可采	不稳定

续表

煤层号	穿过点	可采点	不可采点	沉缺点	冲刷点	断缺点	煤层厚度 最小~最大 平均	夹矸层数 1	夹矸层数 2	夹矸层数 3	合计	百分数	结构类型	可采指数(%)	变异指数(%)	可采性	稳定性
16-2	78	55	16	6		1	0~2.92 / 1.07	13	1		14	20	较简单	71	58	局部可采	不稳定
13-1	78	76				2	1.69~6.36 / 3.81	13			13	17	较简单	100	21	可采	稳定
11-2	74	71	1			2	0.66~2.27 / 1.59	1			1	1	简单	99	16	基本可采	稳定
11-1	72	51	13	7		1	0~1.88 / 0.81	10	1		11	17	较简单	72	48	局部可采	不稳定
8	60	58				2	0.94~5.82 / 3.19	18	5		23	40	较简单	100	26	可采	稳定
7-2	58	44		1	11	2	0~2.41 / 1.29	2			2	5	简单	98	34	大部可采	较稳定
5-1	38	36				2	0.77~4.04 / 2.65	10	1		11	31	较简单	100	28	可采	稳定
4-2	37	34	2			1	0.51~2.11 / 1.60	7			7	19	简单	90	24	基本可采	较稳定
4-1	37	34	2			1	0.49~5.16 / 3.43	9	1		10	28	较简单	94	26	基本可采	较稳定
3-2	22	17	2		2	1	0~5.24 / 2.70	3			3	18	简单	89	54	大部可采	较稳定
3-1	22	15	2	2	2	1	0~3.85 / 1.82	1			1	6	简单	79	82	大部可采	不稳定

2.3 区域构造

2.3.1 淮北煤田

淮北煤田大地构造位置处于华北板块东南缘的豫淮坳陷之东部，以燕山运动以后形成的断裂隆起或凹陷为主。受多期构造运动的影响，形成了由一系列近东西向和北北东向的构造复合的网状格局。其中近东西向的断隆主要为蚌埠隆起，它隔断了与淮南煤田的联系，在该隆起的北翼还发育着多个起伏很小的次一级的褶区，影响着井田分布。北北东向的断隆主要为黄山—相山隆起和千山—烈山隆起。其中黄山—相山隆起隔开了肖濉矿区和闸河矿区；千山—烈山隆起隔开了闸河矿区和宿县矿区。北西西向的大断裂主要有中部的宿北断层和南部的板桥断层；北北东向断裂主要有东部的固镇长丰断层、中部的丰涡断层和西部的夏邑固始断层。而宿北断裂的北、南两侧尚发育有一系列的褶曲构造，石炭、二叠纪煤系大部分保存在断凹之中。其中北侧主要为轴向北北东的紧密断隆、断凹；南侧由于受次一级北北西向褶曲的影响多发育轴向北东、北北东、近南北及北西的短轴宽缓复式向、背斜，次级断层的展布方向以近南北向和北东向为主，近东西向和北西向次之。岩浆岩多分布于宿北断裂以北。本矿区共发现断层300余条，其中最大落差大于等于100m的有50余条；断层的展布方向多为北北东向和近东西向，近南北向和北西向次之。由此可见，淮北煤田的总体构造复杂程度介于中等到复杂之间。现将皖北煤电集团矿井所属矿区的构造简述如下：

（1）濉肖区

该区包括淮北煤田闸河向斜的近北端、砀山南部和肖西向斜及其南部近宿北断层的三块；地层倾角一般在10°~30°，局部达60°~70°，共发现断层 170 余条，其中最大落差大于等于 100m 的有 20 余条；断层的展布方向多为近东西~北西西向，构造复杂程度介于中等~复杂之间。目前，该区包含皖北煤电集团公司所属的卧龙湖矿、刘桥一矿及恒源矿三座生产矿井。

（2）宿县区

该区包括淮北煤田宿南向斜的东南隅和南坪向斜；地层倾角一般在 5°~15°，局部达 45°以上；共发现断层 60 余条，其中最大落差大于等于 100m 的有近 10 条；断层展布方向以北北东向和近南北向为主构造的复杂程度介于中等~较复杂之间。该区包含皖北煤电集团公司的祁东矿和钱营孜矿两座生产矿井。

（3）临涣区

该区包括淮北煤田童亭背斜的东南转折端和五沟向斜的中段；地层倾角一般为 15°~25°；共发现断层 50 余条，其中最大落差大于等于 100m 的有 10 余条；断层的展布方向以北东向为主，构造复杂程度为中等。该区包含皖北煤电集团公司的五沟矿和任楼矿两座生产矿井。

2.3.2　淮南煤田

朱集西井田位于淮南煤田的北部，总体构造形态为一轴向北西西的背、向斜。背斜轴部附近两翼地层倾角较大，为 20°~25°，南部宽缓向斜地层倾角平缓，为 5°~10°。

本区位于朱集~唐集背斜东段的南翼，受区域构造控制（南为淮南舜耕山~八公山推覆构造，北为明龙山~上窑推覆构造），井田处于南、北两个逆掩断层对冲的下盘，且北部逆断层组的北侧伴有大型张性断层。受南北两个压应力的挤压，断层性质以逆断层为主，断层走向以北西西、北西为主。断层发育情况为北部比南部发育显著、西部比东部发育显著。

2.4 水文地质条件

2.4.1 淮北煤田

淮北煤田大地构造单元处于华北板块东南缘，豫淮坳陷带的东部，徐宿弧形推覆构造的中南部，东有固镇~长丰断层及支河断层，南有光武~固镇断层与淮南煤田相望，西以夏邑~固始断层及丰涡断层与太康隆起和周口坳陷为邻，北以丰沛断裂为界与丰沛隆起相接。四周大的断裂构造控制了该区地下水的补给、径流、排泄条件，使其基本上成为一个封闭、半封闭的网格状水文地质单元。淮北煤田中部还有宿北断层，其间又受徐宿弧形推覆构次一级构造的制约。因此以宿北断层为界，淮北煤田划分为两个水文地质分区(见图2-3)。

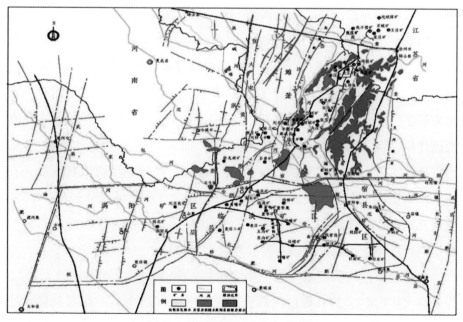

图2-3 淮北煤田区域水文地质图

（1）Ⅰ区（南区）

Ⅰ区（南区）包括宿县矿区、临涣矿区和涡阳矿区。

新生界松散层覆盖于二叠系煤系地层之上，松散层厚 80.45～866.70m，一般 350m 左右。新生界松散层自上而下划分为四个含水层（组）（以下简称为"四含"）和三个隔水层（组）（以下简称为"三隔"）。三隔厚度大，分布稳定，隔水性好，是区内重要的隔水层（组）。"三隔"的存在，致使"三含"以上各含水层及地表水对矿床充水无影响。"四含"分布比较广泛，除局部地段沉积缺失外，全区多数都有沉积。岩性以砾石、砂砾、黏土砾石、砂层及黏土质砂等为主，厚度 0～59.10m，$q = 0.00024～0.404$L/（s·m），$K = 0.0011～5.8$m/d，富水性弱～中等。在朱仙庄矿东北部，有侏罗～白垩系砾岩含水层。祁南矿西北部，许疃矿、徐广楼及花沟井田有下第三系砾岩含水层。砾岩厚度为 0～111.40m，一般 20～50m，$q = 0.0568～3.406$L/（s·m），$K = 0.23～29.53$m/d，富水性弱～强。"四含"水平径流、补给微弱，开采条件下通过浅部裂隙带和采空冒裂带渗入矿井排泄，是矿井充水的主要补给水源之一。

"四含"直接覆盖在二叠系煤系砂岩裂隙含水层和太原组、奥陶系石灰岩岩溶裂隙含水层之上，其地下水不仅与煤系砂岩裂隙水有水力联系，而且又是沟通基岩各含水层地下水的通道，使基岩各含水层之间有一定水力联系。尽管在隐伏煤层露头带附近，基岩各含水层之间地下水具有混流作用，但受基岩顶部岩石风化程度和"四含"富水性及导水能力制约，所以各含水层之间水力联系程度也存在一定的差异。已获资料表明，在一个含水层或几个含水层向矿床充水时，其余含水层可以通过"四含"向直接充水含水层补给，从而形成"共同效应"，使得各含水层地下水位均有不同程度下降，但下降幅度差异较大。

二叠系煤系地层可划分为三个含水层（段）和四个隔水层（段），即 3 煤上隔水层（组）、3~4 煤层间砂岩裂隙含水层（段）、4~6 煤层间隔水层（段）、7~8 煤层上下砂岩裂隙含水层（段）、8 煤下铝质泥岩隔水层（段）、

10 煤层上、下砂岩裂隙含水层(段)、10 煤层~太原组一灰顶隔水层(段)。主采煤层顶板砂岩裂隙含水层是矿井充水的直接水源。二叠系煤系砂岩裂隙含水层(段)为承压含水层,各层间均被泥质岩类隔离,除因导水张性断裂构造能使之沟通外,一般都为独立含水层。地下水储存和运移在以构造裂隙为主的裂隙网络之中,处于封闭~半封闭的水文地质环境,其补给微弱,层间径流缓慢,基本上处于半停滞~停滞状态,显示出补给量不足,以静储量为主的特征,一般富水性弱。开采条件下以突水、淋水和涌水的形式向矿井排泄。据抽水试验资料,$q = 0.0022 \sim 0.87$L/(s·m),$K = 0.0066 \sim 2.65$m/d。

石炭系划分石灰岩岩溶裂隙含水层(段)和本溪组铝质泥岩隔水层(段)。另外还有奥陶系石灰岩岩溶裂隙含水层(段)[52]。

太灰和奥灰均隐伏于新生界松散层或二叠系煤系地层之下,灰岩埋藏较深,径流和补给条件较差,富水层弱~强,差异较大,矿化度较高,水质较差。开采条件下以 10 煤底板突水或井下疏放水的形式向矿井排泄。

太灰与 10 煤层之间有 50~60m 的泥岩隔水层,正常情况下太灰水对 10 煤层开采没有影响。但因受断层影响,其间距变小或"对口"时,易发生灰岩突水灾害,故太灰和奥灰水是矿井安全生产的重要隐患。

(2)Ⅱ区(北区)

Ⅱ区(北区)位于宿北断层与丰沛断层之间,包括:濉萧矿区及砀山县关帝庙、朱楼勘查区。

新生界松散层厚度为 20.30~601.40m,濉萧矿区东部新生界松散层厚度较薄,厚度为 20.30~118.70m,可划分为上部全新统松散层孔隙含水层(组),下部更新统松散层隔水层(段)。上部全新统砂层孔隙含水层(组),$q = 0.0043 \sim 1.379$L/(s·m),$K = 0.03 \sim 12.8$m/d,富水性弱~强,为矿区主要含水层之一。西部新生界松散层厚度比较大,砀山县关帝庙、朱楼勘查区松散层最大厚度达 601.40m,新生界松散层含水层和隔水层的划分与南区（Ⅰ区）基本相似。

二叠系煤系地层划分为二个含水层（段）和三个隔水层（段），即 3 煤上隔水层（段）、3-5 煤层砂岩裂隙含水层（段）、5 煤下隔水层（段）、6 煤顶底板砂岩裂隙含水层（段）、6 煤下～太原组一灰顶隔水层（段）。主采煤层顶底板砂岩裂隙含水层（段）是矿井充水的直接充水含水层。其富水性弱，具有补给量不足，以静储量为主的特征。据钻孔抽水试验，$q = 0.00194 \sim 0.7563 \mathrm{L}/(\mathrm{s} \cdot \mathrm{m})$，$K = 0.00171 \sim 1.289 \mathrm{m/d}$。

濉萧矿区东部石灰岩埋藏较浅，寒武系、奥陶系石灰岩在山区裸露，岩溶裂隙发育，接受大气降水补给，补给水源充沛，径流条件好，富水性较强，构成淮北岩溶水系统的主要补给区。灰岩水以矿井排水、供水及天然泉等为排泄方式。

石灰岩岩溶裂隙水是矿井充水的主要补给水源，也是矿井安全生产的重要隐患之一，同时也是城市及各矿井供水水源地。

2.4.2 淮南煤田

淮南煤田为新生界松散层覆盖的全隐伏型煤田，新生界松散层厚度为 10m～800m 以上，厚度变化规律呈南向北、由东向西增厚。

松散层自上而下发育了四个含水层（组）和三个隔水层（组），除第四含水层（组）直接覆盖在基岩（煤系地层）之上（38 线以东），新生界第一、二、三含水层（组）之下分别对应有第一、二、三隔水层（组）分布。隔水层组主要由黏土、砂质黏土及钙质黏土组成。厚度为 10～158m，分布稳定。黏土塑性指数为 10～38，隔水性能较好。

各含水层（组）的主要水文地质特征为：

第一含水层（组）（Ⅰ含）：富水性中等～强，为潜水～弱承压水，水质类型为 HCO_3-Ca 型水，矿化度小于 1000mg/L。

第二含水层（组）（Ⅱ含）：为承压水，水质类型为 HCO_3-Ca 型水，矿化度 1000mg/L 左右。

第三含水层组（Ⅲ含）：承压水（局部自流），水质类型为 Cl·HCO$_3$-Na 型水，矿化度大于 2000mg/L。

第四含水层（组）（Ⅳ含）：承压水（局部自流），水质类型为 Cl-Na 型水，矿化度大于 2000mg/L。

上部第一、二含水层（组）是矿区的主要供水水源。中部第三隔水层（组）黏土厚度大和分布范围广，是区域内的重要隔水层（组）。下部第四含水层（组）（Ⅳ含）直接覆盖基岩基岩（煤系地层）各含水层之上，在开采浅部煤层时，Ⅳ含地下水可沿煤层隐伏露头渗入补给，构成矿坑充水水源之一。

煤田内基岩水文地质条件受横贯全区的三条走向逆冲断层控制，将复向斜盆地切割成南、北、中三个水文地质分区。

南区：地处复向斜南翼推覆构造的前缘，间夹于阜凤与舜耕山逆冲断层之间（或属其上冲异地系统），包括八公山和舜耕山等低山丘陵（淮南老区生产矿井全部集中在南区）。

南区是以石灰岩为主的岩溶裂隙含水层裸露区，接受大气降水补给，舜耕山断层沿山边出露，因断层的阻水作用，导致灰岩水沿断层面上溢成泉，主要有珍珠泉、瞿家洼泉、泉 4 山口泉、均已成井开采，涌水量约为 20~180m^3/h，多处小泉分布于山涧谷底，以间隙泉为主，流量为 3~5m^3/h，水质为低矿化度的重碳酸盐型，水温在 17℃左右，个别已作为饮用矿泉水开采。

煤系地层赋存于新生界砂质黏土之下。含水层为砂岩裂隙水，各矿井年平均涌水量为 44~194m^3/h，降水多沿砂岩风化裂隙带及塌陷裂隙渗入补给，在矿坑浅部明显，深部则不明显。太原组石灰岩底鼓水，一般以 1 煤底板断层为突破口，由渗入逐渐增大到股流，最大突水量为 771.60m^3/h，瞬时突水量达 1002m^3/h。长观孔水位随季节变化，太原组灰岩水位波动值 3~47m，但井下灰岩涌水量增减不明显，地下水以垂直循环为主，向深部运动受阜凤逆冲断层所阻，水质类型与山泉基本相同。

北区：包括明龙山与上窑两个丘陵地区，受尚塘集-明龙山逆冲断层制约，水文地质条件与南区近似，上窑区泉、井涌水量为 $5 \sim 60 \mathrm{m}^3/\mathrm{h}$，水温在 17℃左右，为低矿化度重碳酸盐淡水。

中区：是复向斜的主体，包括东自潘集一、二、三矿西至谢桥、刘庄各矿井。因南北两翼逆冲断层的阻水作用，切断了裸露区的水源补给，加之斜切断层的分割，构成了封闭型的水文地质单元，地下水以储存量为主，水质属 Cl-Na 型微咸水，除局部因松散层下部含水层直接覆盖而存在补给关系外，其大部具储存量消耗型特征，地下水基本处于停滞状态。

第3章
矿井突水的监测预警指标体系

矿井突水是一个渐变过程，存在较为明显的前兆信息，可作为突水预报的依据[53]。20世纪末，西安分院最早提出了利用水压、温度、应力、应变进行监测预警，并应用在马沟渠煤矿和刘桥二矿的底板监测中。煤矿监测预警指标的逐步确定也是从底板水害防治的实践开始的。在此之后，郑纲[54-55]通过三轴应力渗透试验与力学分析对应力应变指标进行了重点分析，根据东庞矿置于煤层底板传感器的监测数据系统，论述了水压、温度、应力、应变的变化情况，证明了所监测指标对突水预防的有效性。随着科学技术的发展，除了上述传统的四个监测指标外，目前微震技术在煤层底板突水监测中运用较广泛。杨天鸿[56]等提出"采动压力和水压力扰动应力场诱发微破裂(微震活动性)是矿山突水前兆本质特征"，并通过动态监测数据证明了突水过程中微震事件及能量伴随着裂隙的产生存在一定变化。刘德民、尹尚先[57-58]在传统指标的基础上，加入了视电阻率指标，并给出了定量化判据。水化学指标是煤矿突水分析中常用的一类指标，目前基于LIF技术可进行较准确的突水水源判别，常规的手段为选取特定含水层水样进行化验或者同位素示踪追溯突水水源。理论上，由于导水通道的形成，矿井排水水质指标存在一定的变化，但目前对离子指标的实时监测手段仍相对有限。

目前针对顶板的监测指标研究相对较少。张雁[59-60]在研究煤层顶板突水预警时最早选取了水位、工作面涌水量、水温和部分水质指标进行分析，结合祁东矿的突水分析验证了煤层顶板突水过程，这些指标可以有效反映突水过程。王斌[61]针对浅埋煤层顶板水害设计了水位、水质、水温和应力等监测指标，但水质研究中并未细分所选具体离子指标。老空水的实时监测预警研究仍然很少，其指标选取仍需进一步的实测确定。

煤矿突水监测指标的变化规律反映了岩体破裂或水体渗透的过程，可以描述突水发生的过程。但目前煤矿突水的部分监测指标难以保障实时监测性和反映突水敏感性的两重性质。因此，分析煤矿监测指标的实时监测性和反映突水敏感性，建立煤矿监测指标体系迫在眉睫。

基于以上分析，本章节重点分析、讨论煤矿突水指标体系的确立过程。通过分析含水层的一般指标：水位、水量、水温和部分水化学指标，如硬度、pH 值、TDS 和主要离子浓度等以及岩层应力、位移、微震事件数目，评判现有的监测方法及其对煤矿突水的反映灵敏性，确定现有煤矿的监测预警指标体系。根据监测难易程度以及指标对煤矿突水的反映程度对监测指标体系进行划分。

3.1　矿井突水的多参数响应

煤矿底板突水的发生过程极为复杂，影响突水发生的因素复杂多样，以单一指标作为依据进行评判会有误差，因此需要建立基于多个信息元素综合反馈的判断标准，融合多场信息，形成煤矿底板突水灾害的预测标准。不同突水类型的前兆信息呈现方式差别很大，各信息场的变化规律也不尽相同[62]。

煤层底板突水发生时，相关含水层物理量信息会发生变化，同步发生的还有岩体变形破坏，无论是岩体变形破坏还是矿井水的一系列指标变化，这些物理量信息的演化规律同样反映了岩体破裂或水体渗透的全过程，从而实现对突水发生过程的表征描述。多种物理量信息演化规律是进行突涌水预警的重要依据。研究岩体物理信息和矿井水性质的变化是建立采掘工作面突水预测预警的基础，通过研究岩体和水体指标的变化情况，建立完备的预测预警系统。

煤矿突水地质灾害预警目前仍处在起步阶段，突水的地质过程、形成条件及诱发因素具有复杂性、多样性，灾害前兆信息较难捕捉。须研究突水机理，结合煤矿监测情况，制定合适的预测预警模型。

根据多年底板观测表明，承压水在煤层底板沿裂隙的递进导升的两个必要条件是足够的水压和合适的环境应力。水压包括两种形式，一种是静水压力，由含水层的自然水头高度决定；另一种是冲击水压，由顶板来压决定。形成冲击水压的条件是导升水头在裂隙壁没有排泄的条件或排泄量很小，短时间无法消散裂隙水因底板岩体变形而积蓄的势能。环境应力有三种成因：第一种是岩体的自重，即静岩压力；第二种是矿山压力；第三种是构造地应力。其中矿山压力在底板产生的应力分布在工作面的前方一定深度范围内，同梁或薄板相似，在下部为张性，在上部为压性。这种作用方式使得工作面前下方裂隙带最先破坏，形成递进导升。而在工作面的后方，即采空卸压区的应力状态恰好相反，底板的上部为张应力，下部为压应力。底板不同深度的破坏先后顺序是不一样的，下面的岩层破坏得早，上面的岩层破坏得晚，如果上部的破坏和下部的破裂相对接即发生突水。从底板试验可以看出，递进导升是环境应力和裂隙中的水压力共同作用的结果，即在开采过程中，底板应力和水压力逐渐变化，导升裂隙尖端的应力逐渐集中，应力强度因子增加，当强度因子超过临界值时，裂隙发生扩展，导升高度增加，应力释放—强度因子降低；随着工作面的推进，应力又开始集中，强度因子又有所增加，当其再次达到临界值时，裂隙又扩展，导升高度再次升高。就这样周而复始，当导升高度达到底板破坏区时，便发生突水，如图3-1所示。

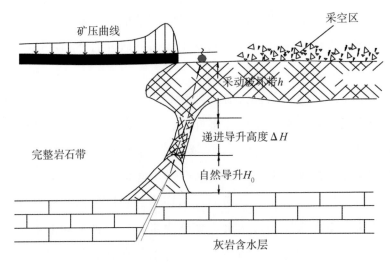

图 3-1　递进导升突水机理示意图[63-64]

根据突水机理，突水过程具有岩体应力、渗透性、温度变化，水压升高，涌水量增大，特征离子变化或断面位移等一系列前兆。这些前兆是突水预测、预报的依据，通过传感器对应力、水压的变化幅度、变化速率等信息进行分析处理，从而实现水害的预警预控。通过对矿区监测区域的这些参数进行实时监测形成监测数据集，并对监测数据集进行处理分析，可以对矿井水害事故的发生进行预警[65]。结合恒源煤矿水文地质资料，以及相关煤矿水监测体系的研究，在矿井水文地质条件、突水机制、主控因素以及敏感性、可测性、有效性等方面进行系统研究的基础上，筛选出以下监测指标：水压（水位）、水量、水温、pH 值、硬度、TDS、氧化还原电位、水质类型、视电阻率、应力、应变、岩温。

在确定的指标体系中，首先保证各指标的可测性。皖北煤电恒源矿区在水位、水压的监测已经可以获取实时监测数据。水量、水温、pH 值、硬度、TDS、氧化还原电位等指标可通过安装传感器于井下排水处测出相关数值。视电阻率、应力、应变、岩温等指标可以借助光纤光栅，铺设于工作面中获得相关参数。

3.2 矿井突水检测指标的可测性

构建矿井突水实时监测预警模型的前提是建立预警指标体系。体系当中各个指标应首先被考虑可实现实时监测并汇总成数据集或数据库,进而处理分析监测数据集,对矿井水害事故的发生进行预警。在形成数据集的过程中,指标的实时监测性是突水预警系统研究的基础,监测指标能否可测并传输至关重要,只有在满足监测指标数据可监测这个前提条件时,该指标才有意义。本节根据研究区水文地质资料,以及相关煤矿水监测体系的研究,在充分考虑突水机制、主控因素等基础上,首先在理论指标体系中筛选出易于监测的指标。

3.2.1 水位、矿井涌水量和水温

水压和水位是煤矿监测体系中被广泛监测的指标之一,在煤矿安全开采过程中,各个含水层的水位被长期监测。在煤矿突水监测预警模型的理论研究中,水位以及水压指标作为监测预警模型的重要指标有着众多优点,最主要的优点为易于监测,且在实践过程中有了较好的先例。靳德武等[69]在冀中能源东庞矿的试验中将井下温度-水压光纤光栅传感器置于钻孔中以监测煤层底板水压以及水温变化情况。刘德民等[71]在研究赵庄矿的突水监测预警模型时同样采用了向监测部位打钻孔埋设水温-水压传感器[69]的方法,实时监测该点的水温、水压(见图3-2)。为对煤矿突水进行预警,监测时传感器的布设也需要遵循一定的原则[71]:

①在采区工作面的最大范围内布设传感器。

②选择较规整排水沟,根据排水沟长度,分上、中、下段,每隔

50m 左右布设水位传感器。

③在轨道巷、运输巷内低洼积水坑内，适当布设水位传感器。

④沿底板有断裂带、采动裂隙处，重点监测此区域。

⑤沿顶板区域，每隔 4m 左右(或在顶板支护点附近)，布设压力传感器。在采煤工作面，根据采煤机掘进的速度、方向，可以移动传感器实时监测压力。

⑥沿顶板左右两侧帮区域，每隔 4m 左右，布设压力传感器。

在实际研究中，利用研究区周围已经存在着太灰、奥灰及其他含水层的水文长观孔，将水压或水位以及水温传感器布设于太灰、奥灰长观孔中以起到大范围监测目标含水层水位及水温的作用。在工作面中按照布他原则，布他水仓水位传感器、明渠流量传感器可以做到涌水量的实时监测以保证预警。

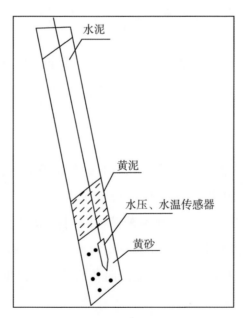

图 3-2　水温、水压监测示意图[71]

3.2.2 水化学指标

煤层底板突水是由于矿山开采扰动,煤层下部含水层的水受高压作用沿导水通道涌入巷道或工作面。煤矿水化学特征在含水层岩性、地质构造、地下水径流条件等因素的影响下,各含水层水化学特征存在一定的差异。因此当有新的含水层水涌入井下时,其水化学成分也与正常涌水有一定的区别,监测矿井的水质变化情况,合适的水化学指标可以为煤层底板突水进行预警。从众多水化学指标中选取可实时监测的指标是预警模型指标体系建立的基础性一步。在水质检测中,监测水样中的 Ca^{2+}、Mg^{+2}、Na^+、K^+、HCO_3^-、Cl^- 和 SO_4^{2-} 七大离子可全面反映水体特征,目前的科技手段往往是采用取水样化验检测。常见的有 SO_4^{2-} 用离子色谱法测定,HCO_3^- 用酸碱滴定法测定,Mg^{2+} 用 EDTA 滴定法测定,Cl^- 用硝酸汞、硝酸银滴定法,电位滴定法等,能够实时监测并进行传输的水化学指标依然有限。刁习峰[62] 等开发了钙离子检测仪,能够快速、准确的测定环境中的钙离子浓度,卢立苹[63] 等设计了一种具备自动温度补偿的氯离子浓度测量仪。受限于传感器技术,SO_4^{2-} 和 Mg^{2+} 无法在线监测,目前能够选用传感器的局限于 Ca^{2+}、K^+、Na^+、HCO_3^- 和 Cl^- 5 种离子,杨勇[61] 等在进行矿井突水水源判别时已经成功地利用 Hydrion X 多参数离子分析仪快速测定了这几个离子指标,通过埋设传感器实现了离子浓度数据的实时监测与传输。

在对恒源煤矿水化学指标进行实时监测时运用 WMP6 多参数水质传感器,通过 pH 值、部分常用离子(Cl^-、Ca^{2+}、K^+、Na^+)等指标来对地下水进行长期监测分析。将传感器与数据采集器连接,按一定的时间间隔传输至井下分站,进而利用煤矿网络传至地面总站计算机。此外,还可通过 GSM、GPRS、卫星系统、有线/无线等方式可对采集数据进行数据传输。

3.2.3　岩石力学指标

煤矿突水事件主要的原因是岩层失稳或者是采动条件下岩层裂隙发育扩展形成导水通道，这个过程常常伴随着应力集中与释放以及岩层的位移变化，所以对煤层底板的应力应变监测是预警系统建立的另一个重要方面。为防止煤层底板突水的发生，董书宁、王经明[66]等在 20 世纪90 年代末在马沟渠煤矿通过布设应力传感器监测工作面前后各 60m 范围内的煤层底板的应力状态，之后利用水位、水温、应力、应变传感器及初步的预警系统在朱庄煤矿得到了成功运用。在监测过程中，应力、应变的监测效果明显，对突水预警起到重要作用。之后运用 FBG 技术研制了光纤光栅位移传感器、光纤光栅应变传感器和光纤光栅渗压传感器(见图 3-3)[76]。为了适应井下复杂的条件，所研制的光纤传感器防水，抗腐蚀，抗干扰能力强，实现了长时间、大数据量的准分布式多点测量，可以对特定岩层的应力、位移变化情况进行实时监测。

(a)渗压传感器　　　　　　　　　　　　(b)位移传感器

图 3-3　光纤传感器

微震电磁耦合监测技术是通过观测分析生产活动过程当中所产生的微小地震及因地震造成含水体变化时而产生电磁脉冲信号的事件来监测

生产活动的影响、效果及地下状态的地球物理技术。微震监测技术在煤矿开采的监测运用在近些年得到了很大的突破。姜福兴等[74]通过自主研发的微震监测系统与防爆计算机实现了井下几个月的数据实时监测与传输。程关文、唐春安[78]等在董家河煤矿成功监测到了微震事件的时间、空间分布规律以及微震事件的能量变化情况，说明了微震信号可以被及时有效地解译成微震事件并传输到计算机中。恒源煤矿在采动区的底板内布置多组微震加速传感器(图3-4)、电磁场传感器(图3-5)以及检波器

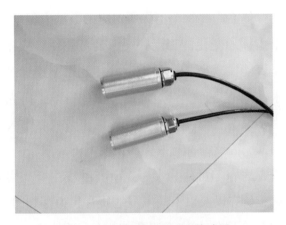

图3-4　高灵敏微震加速度传感器

图3-5　电磁场传感器

实现实时采集微震与电磁数据，利用井下分站和矿井井下环网进行数据的实时传输，最终通过地面总站的理论分析对煤矿水害进行微震电磁监测预报，并形成了一整套微震监测预警系统。在煤矿预警系统的指标体系中，微震事件数以及微震事件能量被作为可以实时监测及显示的指标。

3.3　矿井突水检测指标的有效性

突水监测指标体系需要每个指标所对应的数据方便获取或能够获取，更重要的是每个指标的变化能否反映突水的可能性。指标的有效性是指所监测的指标是否能实现所构建的模型并达到模型预计结果的程度，即通过分析煤矿水文地质条件，针对煤矿突水的特征，研究各指标可反映突水的程度。为了说明各监测指标的有效性，必须收集大量的资料针对不同指标给出判据，因此指标有效性的说明并不局限于皖北煤矿的资料，已有文献中的研究内容都可作为参考。研究手段主要是实测资料整理分析、室内模型试验研究以及以不同工程地质背景为基础的数值模拟研究；可用信息主要有各个层位水位观测孔的水位变化情况，各含水层水质，矿井正常涌水量，相关地层的应力应变情况。一般来说，实测资料的分析可提供现场水位、水量、水质等的研究，而模型试验或数值模拟大多可实现煤层开采过程中应力应变、视电阻率等的研究，同时可实现开采破坏的研究以及水压变化的数据采集。结合文献调查及收集的现场资料，下面对各指标的有效性进行详细分析。

分析研究各监测指标的有效性可确定主控因素。结合恒源煤矿的水文地质情况，Ⅱ633 工作面位于Ⅱ632 工作面下段，工作面走向长 2040m，倾斜宽 180m，机巷最低点标高-768.9m。据Ⅱ632 工作面周围钻孔资料，6 煤层距一灰平均间距(底板隔水层厚度)46m，太灰水位标高-300m，工作面中段标高在-676.6m～-780m，含水层(一灰)顶界承受灰岩水压

4.14~5.16MPa，突水系数为0.09~0.11MPa/m，超出《煤矿防治水细则》的临界值，底板灰岩水是工作面回采期间的主要水害威胁，Ⅱ633与Ⅱ632地质及水文地质条件相似，同样面临带压开采和突水系数超限的底板灰岩水害问题。根据Ⅱ633工作面情况，针对每个监测指标，做出有效性评价。

3.3.1 水压、涌水量和水温

（1）水压

水压是突水的前提条件。承压水在顶底板隔水层下处于相对封闭的状态，但压力分布并不均匀。一般来说，浅部煤层开采主要受到地表水或砂岩裂隙水的顶板突水威胁，而深部煤层的开采大多受到底部灰岩水尤其是奥灰含水层的威胁。正常情况下，承压水难以突破十几米完整岩层的厚度，一般是沿着断裂进入隔水层内部，经过渗透、冲刷、溶解等作用不断破坏隔水层的完整性，在一定的触发因素下导致突水事故的发生。井巷突水前，地下水运动处于相对规律的动态，其流向、水力坡度都相对规律、稳定。当井下发生突水时，势必打破原平衡状态，突水位置附近，同一含水层或具有水力联系含水层的水位和水压都会发生变化，在水位、水压、水量等方面应有所反映，通过动态分析法，可以分析判断突水水源，以及含水层的水力联系。可通过观察和分析这方面的资料来确定突水位置。正常情况下，水位、水压及水量在某一稳定值周围呈波动性变化，如果在开采阶段有疏水降压工作的存在，水压（水位）呈逐步下降，并在新的稳定值附近波动性变化。水压明显减小或者水压减小速率较大时，有涌水量逐渐增大的趋势，进而反映矿井突水的可能性。因此，在工作面开采前查明各含水层水的补给、排泄方式，探明煤层顶底板的富水层位是安全采煤、实现突水预测预警研究的重要研究内容。

在以往的突水案例中尤其是突水量较大的事件中，煤矿突水后其水位变化非常明显。2014 年桃园煤矿发生突水事故，与其距离较远外的钱营孜矿在监测奥灰水水位的过程中，发现奥灰水水位下降明显（图 3-6），尤其在突水后，水位呈现急剧下降的特征（图 3-7）。经过分析，在突水之前奥灰水水位波动变化不大，基本处于正常变化。当突水发生后，在 5h 左右的时间里，奥灰水水位下降了 2m 左右。含水层水位在短时间内的迅速下降预示着含水层中的水可能沿着导水通道进入到了别的层位，当含水层水位这一指标发生异常时，煤矿发生突水危险的可能性极大，即通过含水层水位的异常变化进行预警的有效性较强。

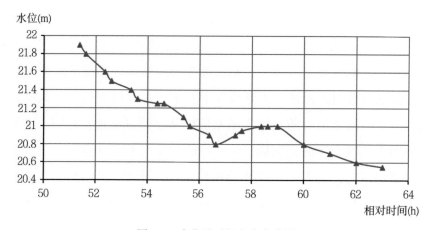

图 3-6　水位随时间变化曲线图

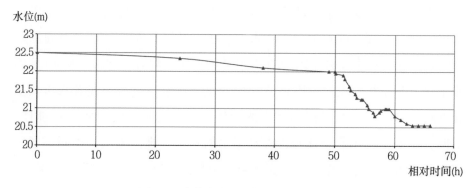

图 3-7　钱营孜矿监测水位（相对时间）

（2）涌水量

矿井水害发生前一般均有滴水、淋水等出水现象，随着采掘工程的推进以及时间的推移，出水量存在着持续增加的可能，许多突水案例中都清楚地记载了出水前水量变化的过程。结合皖北任楼矿的工作经验，2010年，任楼矿Ⅱ51轨道大巷施工至G33点前28m左右时，上帮肩部锚杆眼出水。施工至G33点前28m左右时，上帮肩部锚杆眼出水，初始水量为1m³/h左右。6月9日掘进至G33点前31.5m时，水量有所增加，上帮施工3个探水眼总水量达30m³/h左右，单孔（孔径 φ32mm）最大出水量在16m³/h。经初步注浆封堵后，水量稳定在8m³/h，没有减少趋势（图3-8）。这些实例表明水量及水位的显著变化（偏离正常情况下波动的稳定范围）可以直接反映突水的发生，是突水预警最为显著的指标。

除此之外，矿井涌水量往往出现突跳的性质。在桃园煤矿大型突水案例中，从2月2日21：00至2月3日0：00的3h内，突水量从180m³/h瞬间增大500m³/h且呈现继续大幅度上升趋势（图3-9）。

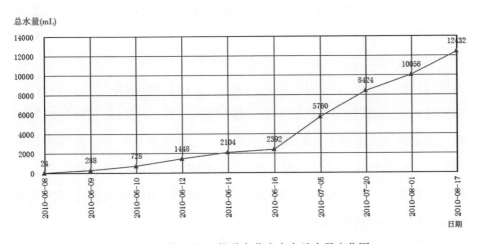

图 3-8　任楼矿Ⅱ51轨道大巷出水点总水量变化图

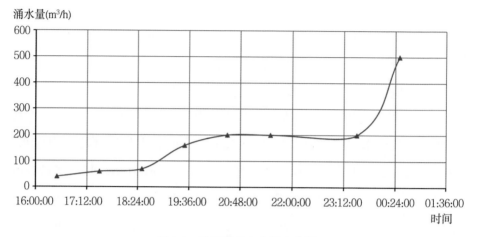

图 3-9　桃园煤矿突水量变化图

（3）水温、岩温

随着煤矿开采深度的增加，温度不受大气温度影响的范围内，随着埋藏深度的增加，地温以及岩温会呈现线性增加的趋势。受底板灰岩水威胁的开采煤层，当存在奥灰水突水的可能性时，由于地温梯度的影响，监测到的水温指标有升高趋势且升高速率较大，因此在煤层开采过程中监测温度的变化，可侧面说明涌水来源的变化，进而推测可能有深部承压水的补给，从而进行突水灾害的预警。具有温度的岩体、水体会向外界发射红外波段的电磁波，形成红外辐射场，物体的红外辐射能量与其温度的四次方成正比，当探测前方存在不良地质情况（断层水、岩溶水、瓦斯）时，其与周围围岩的温度有一定的差异，所以可以依据红外辐射能量的差异来推断前方不良地质的情况[79]。红外探测建立在红外辐射场的基础上，监测岩巷、煤巷以及工作面围岩温度，利用流动水体与周围岩体存在的温度差异，通过比对背景值，可以定性地评价掘进面和回采面前方周围岩体的含水情况[80]。

以皖北任楼矿Ⅱ51出水事件为例，2010年6月8日出水温度为33℃，之后出水水温逐步升高，至2011年11月29日上升至41℃（图

3-10)，按任楼煤矿正常地温梯度 3℃/100m 计算，该处正常地温在 34~36℃，Ⅱ51 轨道大巷迎头出水水温存在异常。综合分析水温异常增加，高于正常地温的情况，确定出水水源为深层高温水源。

水温(℃)

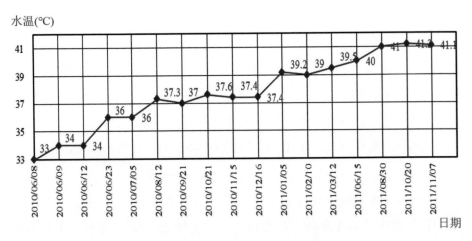

图 3-10　任楼煤矿突水点水温随时间变化曲线图

3.3.2　水化学指标

地下水中的化学成分伴随着地下水的径流有着不断演化的过程。在地下水的径流过程中，含水层岩石多种多样，各区段岩层富水性大小各异；地下水流速、循环交替、水文地球化学环境在各区段各有特点。综合考虑岩石与地下水，各种水岩相互作用处处存在，往往导致地下水水化学成分较为明显的水平或垂向分带特征。在矿井水中，隔水层往往会限制各个含水层之间的连通作用，各含水层水化学特征具有相对独立性，天然状态下水化学指标存在一定的差异。

（1）主要离子成分

地下水作为一种非常复杂的溶液，溶解有气体、各种常量元素离子和微量元素离子，地下水中分布含量最多的为七大主要离子成分：Cl^-、SO_4^{2-}、HCO_3^-、Na^+、K^+、Ca^{2+} 和 Mg^{2+}。一般情况下，煤系砂岩裂隙含水层存在钾长石、钠长石等多种长石类矿物，其水解过程可以在地下水中产生一定量的 Na^+ 和 K^+ 并吸附于煤层顶底板。伴随着采掘工程的推进，煤层上覆以及下伏的部分岩层产生裂隙，含有 Ca^{2+} 的其他含水层中的水流入煤系地层，由于 Ca^{2+} 吸附岩石的能力强于 Na^+ 和 K^+，地下水中的 Ca^{2+} 发生阳离子交替吸附作用，煤系砂岩中的地下水 Ca^{2+} 含量会相对较小。因此在理论上，砂岩含水层与太灰水中的 Ca^{2+} 浓度应该存在较为明显的区分，这一理论也在水样数据的分析中得以证实。

$$Na_2Al_2Si_6O_{16}+2CO_2+3H_2O \rightarrow 2HCO_3^-+2Na^++H_4Al_2Si_2O_9+4SiO_2$$

$$CaSO_4+2Na^+ \rightarrow Na_2SO_4+Ca^{2+}（吸附）$$

为研究预警系统水化学成分中各离子指标的有效性，选取并统计了恒源煤矿 2018 年前半年的水质数据，一共包括 23 个砂岩水样、9 个太灰水样和 6 个采空区水样。砂岩水的水样取样位置主要是二水平轨道、II632 泄水巷、II633 机巷的不同位置、II6110 老塘水、II634 机巷的观测孔、II633 工作面、T1-1 钻孔、T1-2 钻孔等；灰岩水的水样的取样位置主要是 II619 机联巷、II615 风联巷、II616 风联巷、II617 风联巷、II633 机巷、II634 机巷 1#孔、II634 工作面 Z-1 孔等；采空区混合水的水样取样位置主要是 II633 机巷 JC14-1、II6117 工作面等。

根据表 3-1、表 3-2 和表 3-3 的对比分析可以发现：所取水样的三类水中，阴离子的区分度较小，砂岩水和太灰水难以利用阴离子进行预警，其有效性较差；灰岩水中 K^++Na^+ 的平均浓度 434.25mg/L 与砂岩水的 K^++Na^+ 有着较为明显的区分，三种水最显著的区分是 Ca^{2+} 浓度，砂岩水的普遍较低，灰岩水普遍较高。因此，在主要离子成分当中，由于 Mg^{2+} 难以实现实时监测的要求，K^++Na^+ 和 Ca^{2+} 兼顾可测性和有效性的特点，可考虑作为预警指标体系中的指标。

表 3-1   砂岩水水化学统计特征值表

项目	砂岩水浓度(mg/L)			
	最小值	最大值	平均值	标准差
$K^+ + Na^+$	483.06	1550.27	1019.15	227.15
Ca^{2+}	2.74	69.36	28.35	18
Mg^{2+}	0.2	102.34	21.38	26.52
Cl^-	60.9	427.05	168.43	89.52
SO_4^{2-}	833.2	2518.51	1648.29	399.03
HCO_3^-	164.21	607.99	413.44	130.07

表 3-2   太灰水水化学统计特征值表

项目	太灰水浓度(mg/L)			
	最小值	最大值	平均值	标准差
$K^+ + Na^+$	168.65	637.39	434.25	138.45
Ca^{2+}	32.39	213.49	96.14	51.65
Mg^{2+}	57.16	323.69	193.74	88.59
Cl^-	65.36	151.93	129.31	27.86
SO_4^{2-}	1044.3	1770.6	1490.38	248.52
HCO_3^-	145.5	517.57	300.47	128.39

表 3-3   混合水水化学统计特征值表

项目	混合水浓度(mg/L)			
	最小值	最大值	平均值	标准差
$K^+ + Na^+$	332.02	800.73	599.87	169.34
Ca^{2+}	6.61	79.59	38.36	29.6
Mg^{2+}	108.45	155.79	130.04	17.33
Cl^-	100.95	242.61	145.77	46.2
SO_4^{2-}	941.64	1696.12	1386.06	248.31
HCO_3^-	195.39	550.83	348.34	135.61

（2）TDS 与硬度

TDS 即矿化度，是指水中溶解组分的总量，包括溶解于水中的各种离子、分子、化合物的总量。TDS 与水质紧密相关并在水质评价中具有重要的评价作用。在南京大学的研究中，不同 TDS 下的不同离子的溶解度有着较大的差异（图 3-11），Ca^{2+} 和 Mg^{2+} 在 TDS 较大的情况下，溶解度很小，基本以沉淀的形式析出，而 Na^+ 则在高矿化度水中能较好溶解。所以，砂岩水和太灰水相比较，太灰水的 TDS 稍微小一些。在理论上，当有下伏灰岩水突水的可能性时，出水点矿井水的 TDS 会逐渐减小，但是在实际的案例分析中，并没有找到典型的突水案例证明煤矿突水后矿井水的 TDS 降低。因此其有效性仍需结合实际情况做进一步分析。

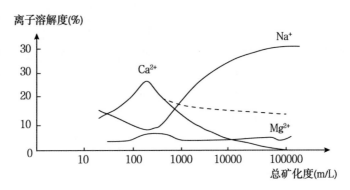

图 3-11　不同矿化度中主要阳离子含量曲线[81]

硬度指的是水中 Ca^{2+} 和 Mg^{2+} 的总浓度，一般情况下灰岩水比砂岩水的硬度大。硬度在煤矿中常用德国度进行度量，但是由于目前大多数衡量硬度的标准以水中 $CaCO_3$ 的浓度为标准，所以硬度的数值都是以 $CaCO_3$ 浓度呈现的。在统计的突水案例中，存在着煤层突水后，出水点矿井水硬度逐渐增大的特征。在任楼矿的突水案例中，发现出水的时候，水样化验的硬度值为 148.45mg/L，并无永久硬度，在随后一段时间内，硬度值不断增加且整体处于上升趋势，永久硬度也逐渐增大（图 3-12），综合判断可能存在深部高硬度水补给。

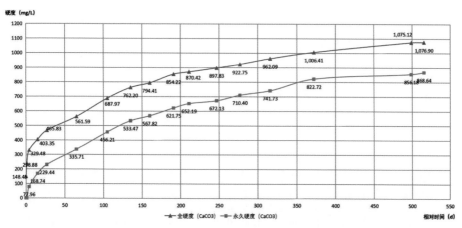

图 3-12   任楼煤矿 Ⅱ51 轨道大巷迎头突水点水质变化曲线图

经过理论和典型案例的分析，太灰水和煤系地层砂岩水在 TDS 和硬度上存在一定的区别。但考虑到水文地质条件的特殊性，仍需充分分析恒源煤矿不同水样所反映出的水化学特征，从实际情况分析 TDS 和硬度的有效性。根据已采集的水样，统计并归纳了 2018 前半年恒源煤矿不同取样地点的水质数据(表 3-4)。根据表 3-4 中数据可以发现：在 TDS 方面，太灰水和矿井中的混合水区分度较小，两种水的 TDS 平均值都在 2600mg/L 左右，如果有太灰水进入煤层时，难以依据 TDS 指标的变化情况进行预警；在硬度方面，太灰水的数值远远高于混合水和砂岩水，太灰水平均硬度为 1035mg/L，如果太灰水涌入矿井中，可利用较短时间内矿井水硬度的增加进行预警。因此，TDS 的有效性较差，而硬度较好。

（3）pH 值

pH 值是水化学分析中的重要指标，现有多种 pH 值传感器可对其进行实时监测，所以着重分析其对突水的敏感性，即有效性。通过分析 pH 值可以与各个矿井充水含水层进行对比，辅助判别水源，在以往的矿井预警系统中，pH 值也几乎未被涉及，其原因在于各个含水层的 pH 值差别较小，难以量化。pH 值被归纳到预警指标体系中是因为老空水的 pH 值与其他含水层的 pH 值有着一定的不同，凭借这些区别可以对老空水进行预警。罗立平[82]在分析淮南煤田新区与老区的老空水特征时指出了水化学特征差异，见表 3-5。

表 3-4　　　　　　　　　**不同水样 TDS 与硬度统计值表**

项目	砂岩水（mg/L）		太灰水（mg/L）		混合水（mg/L）	
	TDS	硬度	TDS	硬度	TDS	硬度
最小值	2023.48	28.48	2033.58	590.25	1805.05	475.44
最大值	4756.85	483.45	3012.56	1446.25	3339.84	784.27
平均值	3302.51	158.45	2644.30	1035.19	2648.44	629.64
标准差	623.13	125.59	297.83	291.29	523.13	97.27

表 3-5　　　　　　　　**淮南煤田新区和老区 pH 值统计表**

出水点位置	取样地点	pH 值	水质类型
谢桥 1121(3)面距开切眼 235m	1121(3)工作面出水取样	8.86	Cl·HCO3·Na
谢桥 1141(3)工作面开切眼	出水点取样	8.86	HCO3·Na
谢桥主井检查孔 13-1 煤层老顶	钻孔抽水，水质化验	7.6	Cl·Na
谢桥矿水 5 孔	钻孔抽水，水质化验	7.9	Cl·Na
谢桥矿七-八 5(太灰水)	钻孔抽水，水质化验	8.3	Cl·Na
张集矿水 202 孔第四系上部砂岩	出水点取样	8	—
张集矿 1111(3)运输顺槽 13-1 煤顶板砂岩水	出水点取样	8.82	Cl·Na
张集 1222(3)面	出水点取样	8.5	Cl·HCO3·Na
张集 1215(3)工作面煤壁右帮底部渗水	出水点取样	8.42	Cl·Na
张集矿水 206 孔 11 煤顶板砂岩水	出水点取样	8.23	Cl·Na
张集水 212 孔 8 煤顶板砂岩水	出水点取样	7.9	Cl·Na
潘一矿 1411(1)工作面下顺槽	出水点取样	7.68	Cl·Na

出水点位置	取样地点	pH 值	水质类型
新庄孜矿 3301S 下工作面(太灰水)	出水点取样	6.8	—
新庄孜矿 3301N 上工作面(太灰水)	出水点取样	7.55	—
新庄孜矿 5311SⅡ(老空水)	出水点取样	8.3	—
新庄孜矿 5303Ⅲ工作面(老空水)	出水点取样	8.79	—

淮南煤田新区老空水的充水水源一般为顶板砂岩裂隙水,pH 值为 8.5~8.86;而老区的充水水源主要为煤系砂岩裂隙含水层、底板灰岩水 和上段老塘水,pH 值为 8.3~8.79。根据表 3-5 中的数据,老区的老空水 pH 值与其他含水层的差别较大,因此当前期调查发现有 pH 值较为明显 的差别时,pH 值可被列为预警指标体系中。

3.3.3 岩石力学指标

(1)应力和岩层位移

煤层开采后,采空区周围岩层应力集中于回采空间周围的煤柱上, 而且应力还会向底板深部岩层传递,严重影响底板隔水层的稳定性。因 此,构造应力和采动应力等可直接反映巷道的破坏发育形态。煤层开挖 过程中,一般情况下水平应力是引起围岩岩体破坏的主要影响因素,包 括原始水平应力以及开采引起的水平应力集中。岩石的应力、应变变化 反映了岩体的破坏趋势或破坏程度,而突水发生的条件归因于水源、通 道及采动影响。工作面围岩的破坏程度越大造成的裂隙或断裂越多,可 形成的导水通道就越密集,相应的更易导致突水的发生。当突水将要发 生或断层将要活化时,由于水力压裂的作用,岩石的应力、应变均会发 生突变。李术才等[83]在研究含水构造条件下巷道突水的可能性,在实验 室进行了水体下方巷道开挖的模型试验,从突水过程中围岩应力、位移等演化规律的差异来分析岩层失稳的突跳机制。利用光纤位移、应力传感器监测巷道关键位置处的变化规律(见图 3-13)。

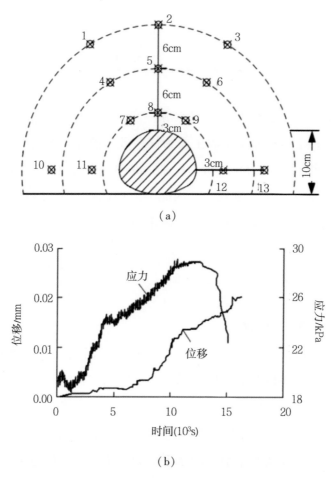

（a）

（b）

图 3-13　关键点布置示意图及 5 号点位移和应力曲线[83]

在李术才等的研究中，位移的"突跳"与涌水有着很强的关联。在 8.0×10^3 s 左右，位移呈跳跃式增大且伴有裂纹和涌水现象；应力在 1.0×10^4 s 左右时，围岩的垂向应力达到峰值且伴随有隧道中涌水量迅速增大的现象。应力"突跳"，揭示了岩层断裂有新的导水通道形成，含水层中的水通过通道涌入煤层导致突水。应力值的"突跳"可显著反映突水的可能,可通过捕捉底板应力、位移变化对突水进行监测预警,且其有效性较强。

(2)微震事件

微震作为岩体破坏过程的一种现象,是因为岩体受应力作用而导致局部产生能量集中,能量积聚到一定程度后将引起岩体微裂隙的扩展,并以各种波的形式释放出来。微震监测所采集的最原始数据是岩体破坏过程所产生的各种波形信号,然后再利用各种解译手段确定微震事件数和微震事件能量,可以较为直观地确定微震事件的空间分布和时间分布以分析岩层破坏情况。杨天鸿[56]等在研究微破裂与矿山突水的关系时提出采动应力以及地下水的共同作用会诱发微震活动,微震信号变化是矿井突水预警的重要前兆信息。程关文等[84]在研究煤矿突水的微破裂前兆信息时,在分析煤层底涌水和微震事件的关系时发现工作面涌水量与底板微震事件数及所释放的能量具有较好的一致性(见图 3-14 和图 3-15)。而且,当煤矿涌水量增大的时候,微震事件数和微震能量变化幅度较大,可以有效地反映突水可能性,即微震事件数和能量的有效性较强。

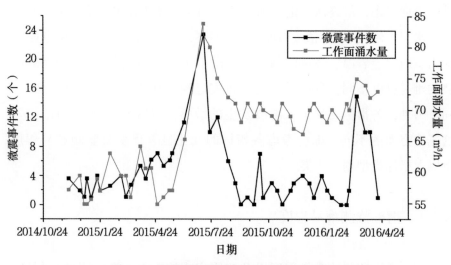

图 3-14　微震事件数和底板涌水量之间的关系

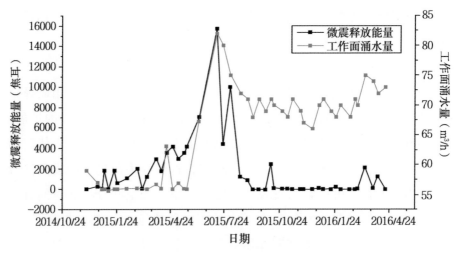

图 3-15 微震释放能量和底板涌水量之间关系

3.4 矿井突水指标的等级划分

综合分析矿井突水影响因素后，上面两节中从指标的可测性及有效性两方面考虑，最终从理论上确定了 13 个监测指标，即水压(水位)、水量、水温、硬度、pH 值、TDS、氧化还原电位、水质类型、视电阻率、应力、应变、岩温、微震监测结果。由于所列出的监测指标的监测或检测的难易程度不同，且在反映突水致灾过程中其变化显著程度有明显不同。另外，各指标反映突水事故发生的敏感性也有所差异。因此，基于这三个方面的不同，综合考虑各指标的变化显著程度及监测难易程度，将以上指标类型划为 3 类。

3.4.1 指标监测难易程度

首先考虑监测的难易程度以及监测实施的成本，将监测难易程度划分为Ⅰ、Ⅱ、Ⅲ三个等级(见表 3-6)，监测难度逐级增大。

目前市场上各种类型传感器产品得到广泛应用，且在矿井生产中，钻探手段是煤层开采中必备的勘探手段。借助钻探手段，如水压及水温传感器的使用及指标数据的获取都较为方便。借助于软件系统开发产品，如水压传感器可与电脑终端连接，实时监测各水压传感器的数据变化，更为便捷地观测井下水压变化，进而判断异常事件的发生。水压、水量（流量）、应力、水温是矿井生产中最为常见的指标监测手段，最容易监测。通过市场调研发现，对于单离子、TDS、硬度、氧化还原电位等的监测有传感器可以实现，但是矿井生产中应用较少，一般也不能实现实时监测的数据采集。但是适合矿井生产的此类传感器的安装本质上与水压等的监测是相同的，因此划分为容易监测的 I 类。

从目前的文献资料及现场调研结果分析，水质的实时监测尚未实现。水质类型的划分需要八大常规阴离子和阳离子的浓度值进而经过水质类型划分方法得到水质类型。另外，溶解性总固体的数值也需要根据各离子浓度值进行计算，指标数据不能一步到位。且市场调研结果显示并没有集成的单个传感器监测八个离子指标，大多是单个的离子传感器。因此，在矿山应用中多个传感器的同时安装及与电脑终端的连接、信号的传输都是目前面临的难题。所以，将水质类型、TDS 两种指标定义为监测难易程度中等的 II 级。

第 III 等级的划分主要从监测设备的复杂性、传感器布设的复杂性以及设备布设的成本三个方面考虑。室内模型试验应力应变的监测主要靠布设横向及纵向的传感器及位移传感器，然后数据分析得到应力应变曲线；矿山开采工程中，主要是沿开采工作面布设光纤进而监测应力应变，传感器布设较为困难。微震监测手段同样是极为复杂的，且由于其他各种原因的干扰，收取的波都需要进行二次处理，再转化为可利用的数据资源。应力、应变、视电阻率、微震监测等的监测，在矿井工作面的布设非常复杂，所用监测设备都较为精密且成本较高，因此将其划分为监测难易程度高的 III 级。

3.4.2　敏感性等级

指标的敏感性是指各指标本身变化特征所能反映的矿井突水的准确度。根据以往的研究基础及现场人员的经验判断，将指标的敏感性等级同样划分为 I、II、III 三个等级，定义指标敏感性逐级降低。

摒除其他因素单独考虑指标的敏感性，水压、水量等的变换可以直观地反映井下承压水压力的变化。突水事故发生之前，水压明显增大，可断定为突水发生的先兆指标。微震是监测采矿活动中的能量发生及聚集事件，正常情况下采矿活动中的各事件产生的能量大小在一定范围内波动。而在突水事故发生之前，水压的增大导致能量的大量聚集，在外部触发因素的作用瞬间释放能量，导致微震监测波形的明显变化。因此，水压、水量、微震监测结果都判定为对突水事故发生敏感性最强的 I 级。

前面第 3.2 节分析了水质相关指标在突水预警监测方面的有效性，了解到各水源之间由于主要离子含量的较大差异而导致与其相关的硬度及 TDS 有所差异。因此偏离了正常波动范围的硬度及 TDS 值，可以判断为有其他水源的混入，进而达到预警效果。因其影响因素较多，且不易观察，判定其敏感性等级中等，即 II 级。

敏感性第 III 等级的划分依据是水源之间的差异性。根据恒源矿水质分析资料，各含水层水的 pH 值变化极不明显，同一含水层中由于所处位置的差异 pH 值有所差异，因而各含水层水的 pH 值都存在一个波动范围，水源混合后变化就更不明显，水质类型同样如此。因此，将 pH 值及水化学类型判定为敏感性最低的 III 级。视电阻率是根据水岩电阻的不同确定异常区，影响因素较大，多依靠工作人员的经验判断，因此对突水的敏感性小。

3.4.3 指标类型

根据上面章节分析确定，易监测指标包括水压、水量、水温、pH值、硬度、氧化还原电位6个指标，较易监测指标包括TDS、岩温及水质类型3个指标，难监测的包括应力、应变、视电阻率、微震监测结果4个指标。敏感性最强的指标包括水压(水位)、水量、水质类型、岩温、应力应变、微震监测结果6个指标，敏感性一般的包括TDS、水温、岩温及硬度4个指标，敏感性最差的指标包括pH值、氧化还原电位2个指标。在综合考虑各指标两种评判标准的条件下，定义了煤矿工作面开采过程中指标类型，分为Ⅰ、Ⅱ、Ⅲ三种指标类型，见表3-6。

表 3-6 指标类型划分表

监测指标	监测难易	敏感性	指标类型
水压(水位)	Ⅰ	Ⅰ	Ⅰ
水量	Ⅰ	Ⅰ	Ⅰ
水温	Ⅰ	Ⅱ	Ⅱ
pH 值	Ⅰ	Ⅲ	Ⅲ
TDS	Ⅱ	Ⅱ	Ⅱ
硬度	Ⅰ	Ⅱ	Ⅱ
氧化还原电位	Ⅰ	Ⅲ	Ⅲ
水质类型	Ⅱ	Ⅰ	Ⅱ
岩温	Ⅱ	Ⅰ	Ⅱ
应力	Ⅲ	Ⅰ	Ⅱ
应变	Ⅲ	Ⅰ	Ⅱ
视电阻率	Ⅲ	Ⅱ	Ⅱ
微震	Ⅲ	Ⅰ	Ⅱ

最终将水量、水压(水位)两个指标定义成 I 类指标，水温、TDS、硬度、水质类型、岩温、应力、应变、微震监测结果定义为 II 类指标，pH值、氧化还原电位及视电阻率定义为 III 级指标。

I 类指标是实施工作面实时突水预测预警研究最为推荐使用的指标，考虑到其传感器易布设、指标易监测的特点，并且有已开发的软件系统实现井下指标的实时监测，便于发现井下异常现象。根据以往的研究基础及现场调研结果，这两种指标的传感器同样是矿井安全生产中最为常用的，此外根据已有数据以及结合现场工作人员的经验判断，更易对事故发生的危险等级进行判别。

在已确定的 13 个有效指标中，划分的 II 类指标所占比例最大，此类指标在矿井条件允许的情况下建议进行各指标传感器的布设，实现指标的实时监测。此类指标更倾向于在可操的基础上考虑了指标对水害事故发生的敏感性。根据皖北矿以往的资料，发现突水事故发生后部分水质指标如硬度、应力、应变等都有明显的偏于正常范围的波动，且突水事故发生是一个大量能量聚集以及释放的过程，微震波信号可以显著地被监测到。

虽然最初根据以往研究以及皖北矿区水文地质工作基础，理论确定了 13 个可测的有效性指标，但是各指标有其不同的特点，最主要的是对监测到突水事故发生可能性的大小。第 1 章中提到，本书研究的内容是要建立相应的单因素、多因素综合判别模型，进而结合其他手段实现突水预测预警技术的研究。此类指标因为受外界环境影响较大，造成的误差相应地要比 I 类、II 类指标大，因此在综合划分指标类型时将其划分为 III 类，属于可用性小的指标。

3.5　本章小结

矿井突水事故的发生是多种影响因素、多场耦合作用导致的。地下岩层在正常情况下处于应力场、地球物理场、水动力场共同作用下的平衡状态，另外水化学场变动较小。结合以往的研究以及皖北各矿的资料统计，本章节在理论研究方面确定了可作为工作面突水预警的指标，包含应力场、水化学场、地球物理场等场的共 13 个监测指标，并对各指标进行分类分级。本章主要研究内容有以下三个方面：

①开展了矿井突水预测预警指标的有效性、可靠性分析。

根据矿井顶底板突水机理，突水过程可能出现的岩体应力、渗透性、温度变化，水压升高、涌水量增大，特征离子变化或断面位移等一系列前兆，总结了突水可导致的有变化的参数[67]，在综合分析工程示范点水文地质条件以及相关煤矿水监测体系的研究基础上，筛选出可测的水压（水位）、水量、水温、pH 值、硬度、TDS、氧化还原电位、水质类型、视电阻率、应力、应变、岩温、微震信号等 13 个指标。其次根据以往的现场资料研究，分析了 13 个指标的有效性，确定指标的可用性。

②开展了指标监测难易程度及敏感性等级划分。

根据指标监测的难易程度及突水预测敏感性，对指标类型进行划分。首先考虑监测的难易程度并考虑监测实施的成本，将监测难易程度划分为 I、II、III 三个等级。根据以往的研究基础及现场人员的经验判断，将指标的敏感性等级同样划分为 I、II、III 三个等级，定义指标敏感性逐级降低。

③综合划分了突水预测预警指标的类型与等级。

综合考虑各监测指标的可靠性、有效性以及监测难易程度等因素，将监测指标划分为三个类型。其中水压、水量为 I 级指标，硬度、水质类型、岩温、应力应变、微震监测信号等为 II 级指标；水温、pH 值、氧化还原电位、视电阻率为 III 级指标。

第4章
矿井突水的单因素预警模型与构建

  预警是减轻灾害的主要对策之一，因此世界范围内展开了各种灾害的预警系统研究，即根据系统外部环境和内部条件的变化，对风险事件进行预测和报警，从而促进了预警理论的发展。经过众多专家学者的研究，把预警程序分为三个相互联系的阶段：①在科学理论的指导下，运用先进技术对灾害进行评价或预报，得出客观有效的结论；②警告传播将评价或预报结论以消息的形式传达给人们，对人们提出警告，以便指导人们的行动；③反应将警告转化为行动，制定对策和预防措施，以避免灾害或者减轻灾害程度[85]。因此，预报必须准确，警告必须及时传达给人群，人们对危险警告有充分的理解以做出合理的反应。

  矿井突水灾害的发生有一个发展的过程，在其出现前兆甚至临近发生时，许多方面都会表现出各种各样的异常信息。在这些信息中，许多指标都可以被监测到，还有一些指标甚至可以被控制。因此，对煤矿底板突水灾害进行预警，对避免灾害发生、降低灾害发生率和减轻灾害后果具有极其重要的意义。实施预警应达到的目的是及时感知外部风险的产生、存在和演化趋向，分析工程风险类型、形成因素和对工程作用的可能，准确辨识目前所处风险等级，进而判断未来发展趋势，并针对区域风险状态和临近、演化实际，给出应对工程风险的对策，以及时调整施工方案、布置防灾物资和实施应急演练等，从而避免灾害和提高应对灾害的能力。构建监测指标体系的最主要目的是根据监测指标数据构建预警、预测模型。矿井突水的综合预警模型包括两个方面：单因素评价及预警模型和多因素评价体系及预警模型。

4.1 突水监测指标的阈值确定

在构建评价体系前，需要判别各个指标值的正常范围与异常情况，即相关指标阈值的确定。在矿井水各项指标监测中，阈值的设定是一个难点，阈值设置过小，则监测指标容易超过阈值导致大量误检，整个系统过于灵敏。而阈值过大，会造成监测指标已有危险预兆却被忽视，容易导致漏检，整个系统将难以捕捉到异常信息，难以起到预测预警的作用。因此各项监测指标根据水文地质条件的不同，在每一个煤矿建立符合煤矿特性的指标阈值极为关键。在不同的开采情况下阈值的设置标准也有所不同，合理确定每一个监测指标阈值对预测预警工作至关重要。对于各项监测指标，确定的阈值可分为两类：指标监测异常阈值和分级预警阈值。

4.1.1 指标监测异常阈值

在异常监测阶段，根据之前所做过的研究，众多专家学者提出了多种异常检测的方法，包括统计参数法、时间序列预测法及基于阈值的异常监测方法等。根据恒源煤矿的工作开展情况，在异常监测阶段，一部分指标的异常监测利用统计参数法来实现，另一部分则采用基于阈值的异常监测方法来实现。

（1）统计参数法

统计参数法是利用统计模型假设，对监测指标各个数据进行建模，利用统计参数对水质数据进行异常判断。在数学方法分析过程中，对于服从正态分布的随机变量，其均值决定了正态分布的整体位置，当变量距离均值越近，则该变量出现的概率就越大，即正常的概率越大；随机

63

变量的方差决定了正态分布的幅度，因此，其方差值越小，随机变量的分布就越集中。对于正态分布 3σ 准则，数值分布在 $(\mu-\sigma,\ \mu+\sigma)$ 内的概率为 0.6827；数值分布在 $(\mu-2\sigma,\ \mu+2\sigma)$ 内的概率为 0.9544；数值分布在 $(\mu-3\sigma,\ \mu+3\sigma)$ 内的概率为 0.9974。由于分布在 $(\mu-3\sigma,\ \mu+3\sigma)$ 内的数据占总数据的 99.74%，因此，绝大部分数据的分布特征符合正态分布。在地层条件稳定的地区，假定矿井涌水量服从正态分布，那么 99.96%的数据应该落在平均值的三倍标准差的范围内，当有指标数据偏离这个范围的数据则被认为是异常数据。在异常监测阶段，对于矿井涌水量的监测采取该方法。

（2）基于阈值的异常监测方法

基于阈值的异常监测方法是根据《煤矿防治水细则》以及相关防治水工作中所使用的公式。搜集矿区水文地质参数，计算相关指标的安全范围。由于矿井地质构造及水文地质条件复杂，矿井内各区域间存在较大的差异性，在选取相关评价指标时，应考虑数据采集的难易性、采集到数据的完整性、数据的稳定性以及数据的可靠性。综上考虑，选取水位、涌水量和水温 3 个可靠指标综合分析来确定阈值。根据《煤矿防治水细则》以及斯列萨列夫公式[86-88]、突水系数公式及地温计算公式，计算安全水头、临界水压以及安全水温。当监测未超过阈值时，认为各指标处于正常状态；当监测值超过阈值时则为异常，须采取进一步的措施来防止突水的可能。其中，根据斯列萨列夫公式，通过地温计算来确定水位、涌水量和水温的阈值（见表 4-1）。

表 4-1　　　　　　　　　　部分指标阈值计算表

安全水头	$H_{安} = 2K_p\dfrac{t^2}{L^2} + \gamma t$
临界涌水量	$\overline{Q} - \dfrac{s}{\sqrt{n}}t_{\frac{\alpha}{2}}(n-1) \leq Q_s \leq \overline{Q} + \dfrac{s}{\sqrt{n}}t_{1-\frac{\alpha}{2}}(n-1)$
临界水温	$T_{安} = G(H_c - H_0) + T_0$

4.1.2 分级预警阈值

当指标异常时，在危险源变化的早期通过快速分析危险源监测数据的波动，发现危险源持续变化的过程，根据危险源监测数据偏离平均值的程度对危险源进行分级预警。预警等级的划分一般应与灾害的等级相一致，以便明确灾害的严重程度及相应预警等级的重要程度，有利于施工人员对预警信号的重视。当指标异常时，结合《煤矿防治水细则》设定指标异常的分级，《煤矿防治水细则》中将突水分为小型突水、中型突水、大型突水、特大型突水。当指标异常时，将异常分级为 4 类，分别对应低风险、中等风险、高风险和极高风险。

分级预警模式主要为梯度预警模型。但是根据指标体系中指标特性的不同，梯度预警模型可再分为变幅预警模式和变值预警模式。其核心是主要分析危险源数值的波动，对数值进行分析，根据指标超过异常阈值之后的数值变化梯度对危险源进行预警。变幅预警模式主要根据指标超过阈值的大小与阈值的比值确定各指标的变化幅度，将变幅分为 4 个等级以进一步构成预警；变值预警模式只计算指标超过阈值的大小

$$XI(n) = \frac{X_n - X_s}{X_s} \times 100\% \qquad (4\text{-}1)$$

$$XI = |X_n - X_s| \qquad (4\text{-}2)$$

式中：X_n 是指标的实时监测值；X_s 是指标异常时的阈值；$XI(n)$ 是指标变幅分级预警的幅度；XI 是指标变化绝对值。

4.2 突水指标异常判别准则

完整的煤矿水害预警预控管理系统应包括监测信息的收集与管理系

功能、预控和辅助决策功能以及水害预警预报功能。结合恒源煤矿的基本信息，在水文地质情况查清的基础上，将水害预警预控监测指标应用研究服务于煤矿水害综合防治，使矿区水害从可防可控逐步步入可视化管理阶段，形成恒源煤矿独特的防治水技术思路与技术路线。单因素评价体系分为两个层次：异常监测层次和临突预报层次。异常监测层次主要监测水位、水压、水质等一系列指标是否存在异常情况。临突预报层次指当各指标变化值达到阈值时，进行预警预报。单因素评价体系的系统构架如图4-1所示。

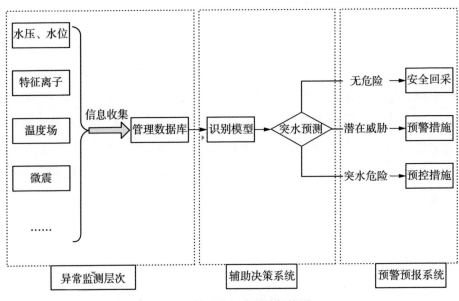

图 4-1　单因素评价系统架构图

4.2.1　指标异常监测阶段

异常监测阶段作为实时突水预测预警研究的重要组成部分，具有集中采集各矿井监控数据，使各相关部门工作人员可随时掌握各个煤矿和矿井安全生产状况，并进行综合性动态分析、提供依据的重要功能。对采集到的监测数据进行一定的智能逻辑判别，对存在异常的数据进行分析。分析异常值数据的形成原因，并将异常状况通知到相关部门，为下一步决策的提出提供依据。该阶段也能有效地改善目前安全信息和隐患情况在汇报、调查工作中客观存在的不及时等情况，从而提高了安全生产效率，加大了安全生产的监管力度，降低了事故发生的概率。

监测指标能够反映矿井中的涌水状况，在一定范围内有各自相对稳定的规律。当自动监测数据异常波动时，或当多个监测指标同一时段同步走高或走低，这种情况可能作为有突水发生的判断，但还需从各监测项目间的关联性、时间序的变化规律等方面进一步分析判断数据异常的原因，综合判断突水可能性的大小。一般来说矿井水都有着相对稳定的地下水动态特征，各个监测项目也都有各自相对稳定的测定值和规律性。当多项目监测数据同时发生明显变化时，不仅要注意单一指标的变化情况，更要注意监测数据的变化在该时间段内所有同步的相关指标。

1）各指标监测异常阈值

结合任楼矿工作经验，恒源煤矿水文地质资料以及相关规定，对各指标的正常范围与异常情况总结如下：

（1）水位

数据易监测，且煤矿突水发生时，水位的变化与突水有着紧密的关系，所以在分析水位数据时，须首先确定水位的正常变化。为了分析水位的正常变化情况，收集并统计矿区 2011 年以来部分孔的水位数据，得到太灰长观孔水 4 孔、水 5 孔、水 18 孔以及水 20 孔的水位变化曲线（见图 4-2），统计 2013 年全年的水文长观孔的钻孔水位得到水 5 孔、水 18 孔的水位变化情况（见图 4-3），在此基础上分析太灰水每年的水位变化幅度的大小。

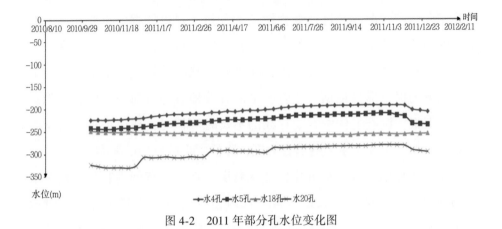

图 4-2　2011 年部分孔水位变化图

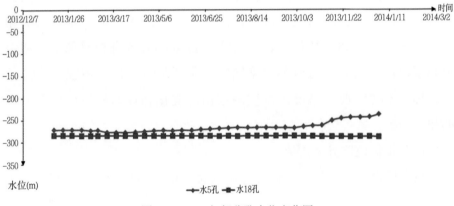

图 4-3　2013 年部分孔水位变化图

　　根据图 4-2 可以发现：在整个矿区，每个太灰长观孔的水位值都有一定的区别。整体上在一年多的时间里，各个孔的水位变化幅度较小，变化幅度最大的是水 20 孔，其水位的标准差是 15.77m，水 4 孔和水 5 孔的标准差分别为 11.07m 和 11.27m，变幅最小的水 18 孔的水位标准差只有 2.62m。从一整年的水位变化情况趋势分析，含水层水位基本上处于缓慢上升趋势，2011 年末水位下降后也与 2011 年初水位相近。因此，可认为水位变化幅度在 10m 左右为正常情况。对比图 4-2 与图 4-3，水 5 孔和水 18 孔的水位均有所下降，水 5 孔平均水位下降了 41m，水 18 孔的平均水位下降了30m，确定是含水层水位的整体下降。在整个一年中，两个孔各自的水位变化幅度较小。

在分析水位波动特征的基础上，利用数理统计中的伯努利大数定理来进一步分析水位数据的数学分布情况。首先，统计水位数据并将其分组，设定水位出现在各个区间为事件 A_1，A_2，…，依次求出其频率作为事件发生的概率。在研究数据分布特征时，以选取较大数据量的钻孔作为研究对象为原则，统计 2016 年水 5 孔的水位数据(见图 4-4)和水 18 孔的水位数据(见图 4-5)并分析其分布特征。

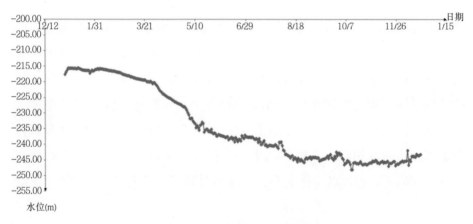

图 4-4　2016 年水 5 孔水位曲线图

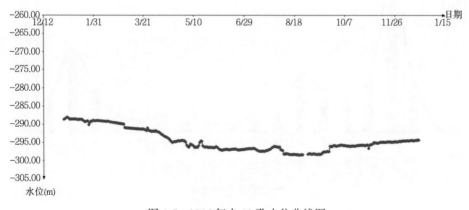

图 4-5　2016 年水 18 孔水位曲线图

根据两孔一整年的水位变化情况可以得到：水5孔变化幅度较大而水18孔变化平稳。从水5孔的整体变化中，依然可以找到4个水位变化相对较为稳定的时间段，分别是第一稳定时段：从1月4日到2月11日；第二稳定时段：从5月31日到7月9日；第三稳定时段：从8月11日到10月3日；第四稳定时段：从10月14日到12月3日。这4个相对稳定时段的水位标准差都小于1m。一整年的水位分布于正态分布曲线相差较大（见图4-6），但每个稳定阶段的水位分布于正态分布较相似（见图4-7和图4-8）。水18孔的水位分布在一整年都接近于正态分布（见图4-9）。

根据以上分析，治理前正常情况下，太灰水水位呈波动下降趋势，全年下降幅度约为10m，在1日内的变幅很小。根据第4章的数值模拟结果，治理后的太灰水水位的变化情况与之前正常情况下一致，整个研究区水位呈波动下降趋势，降幅同样为10m左右。结合钻孔水位和数值模拟结果可确定相对稳定水位，通过分析历年水位变化，计算水位正常下的标准差。在矿井水位的自然变化中，水位变化较小且水位的分布规律与正态分布曲线相近。在数学期望一个标准差范围内，事件发生的概率是68.26%，设σ_h为水位标准差，水位相对稳定时的平均水位为H。水位

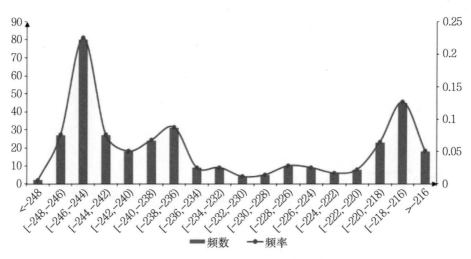

图4-6　2016年水5孔水位分布曲线

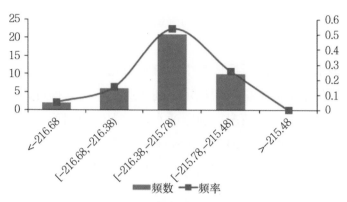

图 4-7 水 5 孔第一稳定的段水位分布

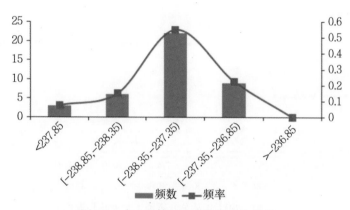

图 4-8 水 5 孔第二稳定的段水位分布

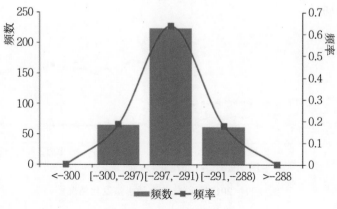

图 4-9 水 18 孔水位分布

$H-\sigma_h$ 为水位正常情况下的下限，当突破这个范围为异常。

（2）涌水量

矿井涌水量在监测指标体系中占有重要地位。在一般情况下，各个工作面巷道的正常涌水量较为稳定，利用历史监测数据可以确定矿井各重点区域的涌水量变化情况，确定涌水量异常时的阈值。通过收集统计矿区 2011 年以及 2013—2015 年 Ⅱ6111 机联巷、Ⅱ617 风联巷以及 Ⅱ628 泄水巷的涌水量数据（见图 4-10、图 4-11、图 4-12、图 4-13），分析重点巷道每年的变化情况。

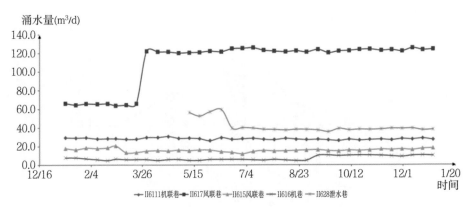

图 4-10　2011 年部分巷道涌水量变化情况图

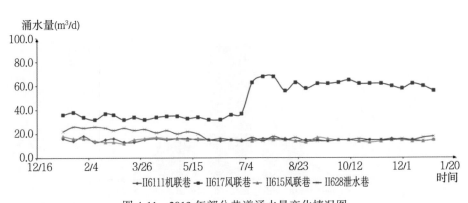

图 4-11　2013 年部分巷道涌水量变化情况图

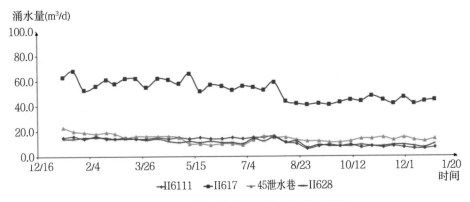

图 4-12　2014 年重点巷道涌水量变化情况图

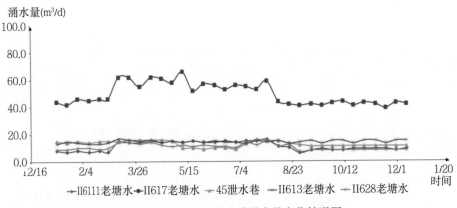

图 4-13　2015 年重点巷道涌水量变化情况图

通过对涌水量历史数据的分析，可以得到：Ⅱ6111 机联巷在上述几年的涌水量标准差分别为 1.06m³/d、1.01m³/d、3.55m³/d 和 3.26m³/d；Ⅱ617 风联巷每年涌水量的起伏相对较大，在其相对稳定的时间段的标准差分别为 1.52m³/d、1.91m³/d；Ⅱ628 泄水巷在上述年份的标准差分别为 0.96m³/d、4.09m³/d、2.57m³/d 以及 2.24m³/d，各个巷道年涌水量正常情况下的涌水量皆较为平稳。设 σ_Q 为正常稳定涌水量的标准差，Q' 为稳定情况下的平均涌水量，在正常情况下各个工作面巷道涌水量基本稳定，其数据波动范围是 $[Q'-\sigma_Q, Q'+\sigma_Q]$。涌水量阈值的上限是 $Q'+$

σ_Q，当监测涌水量大于该值时，涌水量发异常预警。

（3）水温

在以往研究中，水温被作为煤矿监测指标中的重要参数，用来反映是否存在异常情况。通过水温的变化情况来判断煤矿突水发生的可能性，首先要确定威胁工作面含水层的水温正常变化情况，利用历史记录数据总结含水层水温一般特征才能有效地确定水温的阈值。收集 2017 年下半年太灰水的水温数据（见图 4-14），并总结其整体变化趋势和幅度，给出水温正常范围内的上限值。

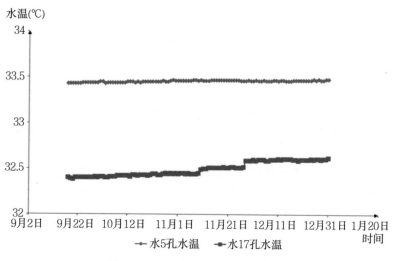

图 4-14　2017 年部分孔水温变化图

根据图 4-14，太灰含水层的两个钻孔的水温接近，太灰水的水温稳定在 32.5～33.5℃之间。每个孔的水温变化幅度非常小，水 5 孔的水温标准差是 0.01℃，水 17 孔的水温标准差是 0.08℃。正常情况下，矿井正常涌水中的水温同样较为稳定，难以出现暴涨暴落的情况。在考虑矿井安全性以及温度的敏感性等条件，水温正常内的上限应为太灰水温的平均值。设矿井工作面监测点的水温阈值为 T，各个太灰长观孔的水温为 T_{zk1}，T_{zk2}，…，T_{zkn}。

$$T = \frac{1}{n}(T_{zk1} + T_{zk2} + \cdots + T_{zkn})$$

4.2.2 水化学指标的异常阈值

影响矿井水化学性质的因素众多，主要包括含水层岩性、地质构造、采掘活动以及地下水径流强度等因素的影响。不同类型的含水层之间往往具有相对独立的水化学特征，因此在水化学指标中体现出一定的差异，如煤系砂岩裂隙含水层由于有多种不稳定的长石类矿物，其水解导致地下水中 $Na^+ + K^+$ 含量相对较高；而埋深较大的太灰含水层与奥灰含水层则 Ca^{2+} 浓度较大。一般情况下，矿井水常规指标主要为 TDS、$Na^+ + K^+$、Ca^{2+}、Mg^{2+}、Cl^-、HCO_3^-、pH 值等。由于本矿区各含水层 pH 值、Cl^-、HCO_3^- 等指标难以区分，所以利用取样结果分析，最终选取 TDS、Na^+ 以及 Ca^{2+} 进行量化分析，并将三个水化学指标列入预警体系。因此，根据实际情况确定三个指标的阈值极其重要。

为确定水化学指标 TDS、Na^+ 以及 Ca^{2+} 的阈值，首先须统计并分析研究区的水化学背景值。六煤充水含水层主要为六煤底板下伏的"八含"含水层以及太灰含水层，因此首先分析两个含水层水化学特征。整理恒源矿 2006—2007 年"八含"含水层水化学数据(见表 4-4)以及太灰含水层的水化学数据(见表 4-5)。

表 4-4 2006—2007 年"八含"水化学数据统计表

日期	水化学指标							
	TDS（mg/L）	硬度德国度	Na^+（mg/L）	Ca^{2+}（mg/L）	Mg^{2+}（mg/L）	Cl^-（mg/L）	SO_4^{2-}（mg/L）	HCO_3^-（mg/L）
2006/3/13	3009.54	7.52	926.32	37.03	10.12	271.95	1433.82	330.31
2006/3/14	321.2	21.32	882.85	84.74	41.03	216.64	1649.67	336.27
2006/3/16	3097.6	8.53	943.59	49.11	7.19	274.76	1449.32	373.64

续表

日期	水化学指标							
	TDS （mg/L）	硬度 德国度	Na$^+$ （mg/L）	Ca^{2+} （mg/L）	Mg^{2+} （mg/L）	Cl$^-$ （mg/L）	SO$_4^{2-}$ （mg/L）	HCO$_3^-$ （mg/L）
2006/3/23	2847.55	24.38	744.23	95.5	47.74	196.21	1487.22	276.65
2006/3/27	2693.4	18.31	739.57	71.88	35.78	207.83	1344.2	294.14
2006/5/1	3370.41	8.62	1026.68	36.74	15.06	221.75	1607.49	440.02
2006/5/18	4136.88	3.84	1321.89	14.7	7.74	311.44	2001.95	449.67
2006/5/19	3384.5	5.18	1077.04	15.47	13.09	247.99	1730.33	258.81
2006/6/2	3106.01	8.04	949.39	36.05	12.99	197.62	1534.67	348.74
2006/6/7	4034.36	8.88	1246.45	39.45	14.54	216.64	2125.95	340.25
2006/6/26	3495.31	1.95	1120.2	7.12	4.13	232.94	1658.26	441.17
2006/7/5	3231.21	21.21	890.12	94.37	34.71	220.16	1639.73	344.75
2006/7/7	3505.95	11.69	1051.32	39.06	26.97	215.76	1728.66	414.69
2006/7/11	3591.98	6.06	1112.93	30.55	7.74	201.67	1724.96	484.64
2006/7/20	3319.19	2.54	1057.75	10.83	4.46	247.65	1479.46	484.64
2006/8/16	3432.2	5.45	1074.51	28.86	6.1	265.48	1584.01	448.67
2006/8/22	2812.32	14.19	816.13	85.41	9.7	270.17	1356.28	264.8
2006/8/28	3248.6	2.73	1046.17	13.65	3.55	257.04	1449.69	409.7
2006/8/30	3682.33	5.57	1167.98	17.24	13.67	254.97	1741.13	409.7
2006/9/7	1948.26	45.18	311.93	177.21	88.35	148.97	900.45	409.7
2006/9/30	3873.53	3.6	1227.62	16.86	5.39	242.03	1877.44	477.15
2006/10/27	3545.65	5.13	1111.59	22.23	8.75	252.49	1789.7	412.2
2006/11/1	3715.66	11.84	1125.55	55.77	17.5	228.28	1904.59	339.75
2006/11/3	3758.48	5.67	1185.35	18.72	13.24	257.68	1827.06	412.2
2006/11/8	4099.42	5.29	1285.81	18.72	11.59	240.39	2100.75	442.17
2006/11/9	3493.44	5.67	1116.45	20.67	12.06	242.12	1957.8	109.92
2006/11/14	3379.22	5.57	1059.55	29.25	6.38	250.76	1591.67	407.2
2006/11/18	3075.51	5.94	955.34	35.1	4.45	257.68	1333.87	454.66

续表

日期	水化学指标							
	TDS (mg/L)	硬度 德国度	Na⁺ (mg/L)	Ca²⁺ (mg/L)	Mg²⁺ (mg/L)	Cl⁻ (mg/L)	SO₄²⁻ (mg/L)	HCO₃⁻ (mg/L)
2006/11/20	2509.22	5.06	805.87	25.35	6.55	257.68	1197.49	152.39
2006/11/21	3291.38	4.34	1024.89	24.96	3.69	264.6	1269.41	664.51
2006/11/24	3307.54	4.29	1023.1	22.23	5.11	237.79	1315.18	682.5
2006/11/27	3457.54	4.45	1085.98	28.08	2.28	236.06	1402.05	619.54
2006/12/6	3420.66	8.69	1033.73	35.49	16.13	223.09	1408.59	652.02
2006/12/7	3502.63	10.39	1053.1	45.24	17.61	217.9	1465.57	627.04
2007/1/9	3550.35	4.53	1125.66	18.33	8.51	229.2	1742.06	378.86
2007/1/16	3534.33	5.4	1113.15	21.45	10.41	170.4	1841.07	320.57
2007/1/18	3687.47	9.82	1102.36	53.43	10.17	202.3	1617.83	670.29
2007/1/22	3165.75	5.57	1139.31	23.79	9.7	237.8	1778.49	381.29
2007/2/9	3740.4	8.78	1146.76	34.32	28.32	208.4	1917.67	374
2007/4/1	4548.32	2.42	1466.9	16.11	0.7	295.7	2269.4	450.26
2007/4/11	3930.35	3.76	1253.46	18.41	5.12	293.2	1908.89	427.43
2007/4/13	3945.5	7.3	1238.85	14.96	22.56	256.9	1973.41	384.72

表 4-5　　　　　　　　　**2006—2007 年太灰水化学数据统计表**

日期	水化学指标							
	TDS (mg/L)	硬度 德国度	Na⁺ (mg/L)	Ca²⁺ (mg/L)	Mg²⁺ (mg/L)	Cl⁻ (mg/L)	SO₄²⁻ (mg/L)	HCO₃⁻ (mg/L)
2007/3/1	2541.3	64.11	345.41	334.21	75.18	115.56	1444.09	276.86
2007/3/6	2382.7	54.46	357.03	274.16	69.75	164.293	1223.64	293.86
2007/4/2	3003.46	53.08	573.84	237.43	86.06	175.89	1638.81	291.43
2007/4/7	2398.73	41.65	458.48	196	61.64	142.27	1244.08	296.29
2007/5/5	2394.42	44.54	447.92	215.56	62.33	155.2	1306.42	184.86

续表

日期	水化学指标							
	TDS （mg/L）	硬度 德国度	Na^+ （mg/L）	Ca^{2+} （mg/L）	Mg^{2+} （mg/L）	Cl^- （mg/L）	SO_4^{2-} （mg/L）	HCO_3^- （mg/L）
2007/5/7	2471.66	59.36	364.89	209.43	130.25	151.75	1412.99	202.35
2007/5/8	3308.6	65.49	514.23	462.23	3.53	147.44	1306.82	874.36
2007/5/9	2077.13	50.13	300.32	227.24	79.48	165.55	1099.7	204.85
2007/5/14	2340.46	39.5	469.67	151.23	79.48	156.92	1298.46	184.86
2007/6/5	2230.2	49.12	349.85	288.55	37.89	165.55	1193.51	194.86
2007/6/6	2510.42	52.35	426.18	194.27	109.05	125.88	1430.35	214.84
2007/6/7	2163.71	43.44	380.33	183.03	77.26	150.03	1190.71	182.37
2007/6/21	2613.21	43.66	509.75	199.86	68.01	132.78	1368.06	334.75
2007/8/3	4241.41	28.89	1155.18	28.45	107.94	255.11	2062.94	631.78
2007/8/4	2745.34	41.85	597.03	176.38	74.43	169.44	1508.83	237.24
2007/8/6	3133.17	36.96	746.13	143.87	72.95	179.91	1784.02	206.3
2007/8/7	2490.16	37.19	531.83	157.28	65.8	165.63	1347.84	221.77
2007/8/28	2844.07	27.07	724.82	99.98	56.68	173.25	1564.99	224.35
2007/9/12	2514.56	46.6	474.23	198.33	81.82	156.11	1475.14	128.94
2007/9/25	3529.65	71.54	609.89	349.4	98.15	167.54	2144.79	159.88
2007/11/1	2064.59	32.04	422.02	196.14	19.91	155.16	1026.38	244.98
2007/11/5	2237.2	65	233.92	305.84	96.26	153.26	1192.63	255.29
2007/11/12	2531.81	39.31	529.79	167.05	69.04	159.92	1399.7	206.3
2007/12/6	2444.88	68.32	273.23	329.12	96.51	153.26	1309.11	283.66

通过表 4-4 可知，TDS 最小为 321.2mg/L，最大为 4548.32mg/L，平均值为 3352.41mg/L，TDS 小于 3000mg/L 的只有 6 组，大于 3000mg/L 的占到 85% 以上，"八含"含水层 TDS 普遍偏高；"八含"砂岩含水层硬度相对较小，最大为 45.16 德国度，最小仅有 1.95 德国度，平均硬度为 8.68 德国度，小于 30 德国度的占 97% 以上；Na^+ 最低浓度为 311.93mg/L，最高

浓度为 1466.9mg/L，Na⁺ 平均浓度为 1052.1mg/L，大于 500mg/L 的占 97% 以上；整体上，Ca^{2+} 浓度较低，最大浓度也仅有 177.21mg/L，平均浓度约为 37.7mg/L。

由表 4-5 可知，TDS 最小为 2064.59mg/L，最大为 4241.41mg/L，平均值为 2633.87mg/L，TDS 小于 3000mg/L 的多达 19 组，大于 3000mg/L 的不到 21%，太灰含水层 TDS 普遍相对偏低；太灰含水层硬度相对较大，最大达到 71.54 德国度，最小也有 27.07 德国度，平均硬度为 48.15 德国度，小于 30 德国度的仅占 8.3%；Na⁺ 最低浓度为 233.92mg/L，最高浓度为 1155.18mg/L，Na⁺ 平均浓度为 491.5mg/L，较大程度上高于 500mg/L 的仅占 21%；整体上，Ca^{2+} 浓度相对较高，最大浓度可达到 462.23mg/L，平均浓度较高达 221.9mg/L。

通过对以往"八含"含水层以及太灰含水层对比可发现，两个含水层的水文地球化学背景特征在阳离子特征上有一定的区分，而阴离子特征区分度较小。随着开采情况的变化，为设定 TDS、Ca^{2+}、Na⁺ 三个指标异常时的阈值，选择 2018 年的"八含"水化学数据(见表 4-6)、太灰含水层数据(见表 4-7)和煤矿混合水数据(见表 4-8)进行分析。

表 4-6　　　　　　　2018 年"八含"水化学数据统计表

日期	水化学指标							
	TDS（mg/L）	硬度 德国度	Na⁺（mg/L）	Ca^{2+}（mg/L）	Mg^{2+}（mg/L）	Cl^-（mg/L）	SO_4^{2-}（mg/L）	HCO_3^-（mg/L）
2018/1/2	2023.48	22.98	483.06	69.36	57.53	65.02	1184.3	164.21
2018/1/15	3058.11	11.54	887.78	47.87	20.98	134.83	1503.13	463.52
2018/2/6	2779.31	12.58	887.78	54.62	21.4	97.18	1407.84	409.48
2018/3/1	3453.26	2.14	1087.35	4.83	6.35	147.14	1734.71	472.88
2018/3/2	2204.31	14.41	578.6	46.89	34	107.79	833.2	603.83
2018/3/7	2620.63	2.82	822.73	14.34	3.52	191.28	1202.14	386.62
2018/3/9	2815.21	2.68	894.71	15.47	2.25	199.84	1385.07	308.67

续表

日期	水化学指标							
	TDS （mg/L）	硬度 德国度	Na$^+$ （mg/L）	Ca^{2+} （mg/L）	Mg^{2+} （mg/L）	Cl$^-$ （mg/L）	SO$_4^{2-}$ （mg/L）	HCO$_3^-$ （mg/L）
2018/3/21	3349.33	11.23	982.6	63.15	10.36	180.33	1577.64	535.24
2018/3/23	3597.01	1.92	1140.4	13.37	0.2	256.65	1618.93	567.45
2018/4/16	4236.31	6.45	1320.32	27.07	11.53	114.64	2518.51	244.23
2018/4/24	3368.2	17	951	41.24	48.66	60.9	1923.43	342.97
2018/4/25	3322.82	1.6	1059.99	9.51	1.17	223.79	1598.1	430.27
2018/4/27	2948.19	18.55	822.71	2.74	78.75	163.92	1564.13	315.94
2018/5/3	3221.93	4.06	1005.18	17.88	6.74	111.2	1701.91	358.56
2018/5/8	3650.91	4.26	1128.9	21.75	5.28	129.69	1840.45	524.84
2018/5/10	3939.97	4.85	1242.43	28.36	3.81	296	1927.67	441.7
2018/5/11	4053.09	5.16	1270.51	23.04	8.4	131.06	2349.87	270.22
2018/5/15	3882.33	4.68	1226.62	27.79	3.42	354.16	1706.73	550.83
2018/5/30	4756.85	2.55	1550.27	13.7	2.74	427.05	2471.05	292.04
2018/6/5	3400.58	11.39	992.92	19.99	37.24	114.98	1654.49	580.96
2018/6/12	2808.07	10.87	959.65	44.65	20.04	87.6	1444.83	182.81
2018/6/14	2982.33	27.16	1068.14	25.31	102.34	112.92	1152.16	453.98
2018/7/2	3485.57	3.86	1076.89	19.18	5.08	165.96	1610.47	607.99

表 4-7　　　　　　　　**2018 年太灰水化学数据统计表**

日期	水化学指标							
	TDS （mg/L）	硬度 德国度	Na$^+$ （mg/L）	Ca^{2+} （mg/L）	Mg^{2+} （mg/L）	Cl$^-$ （mg/L）	SO$_4^{2-}$ （mg/L）	HCO$_3^-$ （mg/L）
2018/2/13	2003.58	68.85	168.65	32.39	278.74	65.36	1271.22	217.21
2018/3/20	2295.28	42.97	406.29	110.21	119.39	97.52	1044.3	517.57
2018/3/23	2529.92	33.16	559.93	61.71	106.3	126.26	1158.15	517.57

续表

日期	水化学指标							
	TDS （mg/L）	硬度 德国度	Na$^+$ （mg/L）	Ca^{2+} （mg/L）	Mg^{2+} （mg/L）	Cl$^-$ （mg/L）	SO$_4^{2-}$ （mg/L）	HCO$_3^-$ （mg/L）
2018/4/2	2823.41	80.84	340.06	76.37	304.05	150.91	1657.91	294.12
2018/4/22	2908.04	81.25	364.78	46.89	323.69	151.93	1672.58	348.16
2018/4/25	2686	63.24	418.67	140.18	189.74	138.93	1653.67	145.5
2018/5/5	3012.56	47.3	637.39	92.17	149.09	147.14	1770.6	216.17
2018/5/10	2638.81	62.74	406.71	91.84	216.21	150.56	1517.82	255.67
2018/5/16	2871.07	43.06	605.81	213.49	57.16	135.17	1667.17	192.27

表 4-8 **2018 年矿井混合水水化学数据统计表**

日期	水化学指标							
	TDS （mg/L）	硬度 德国度	Na$^+$ （mg/L）	Ca^{2+} （mg/L）	Mg^{2+} （mg/L）	Cl$^-$ （mg/L）	SO$_4^{2-}$ （mg/L）	HCO$_3^-$ （mg/L）
2018/3/5	2556.41	35.17	572.25	64.05	113.58	121.48	1435.62	249.43
2018/3/7	2310.7	44.06	449.25	58	155.79	242.61	1209.67	195.39
2018/3/25	3339.84	39.34	779.25	79.59	122.23	145.09	1696.12	517.57
2018/4/8	2655.71	26.71	665.7	12.08	108.45	117.03	1451.06	301.39
2018/4/15	3222.95	31.79	800.73	9.83	131.8	147.48	1582.27	550.83
2018/5/4	1805.05	35.17	332.02	6.61	148.41	100.95	941.64	275.41

通过对 2018 年的砂岩裂隙含水层以及太灰含水层的分析，可以得出：即使煤矿开采深度加深，其煤层下部含水层的水化学性质变化不大。"八含"砂岩含水层依旧存在着相对较高的 TDS、Na$^+$浓度较高，Ca^{2+}相对偏低；而太灰含水层的性质与"八含"砂岩含水层则相反，TDS，Na$^+$浓度较低，Ca^{2+}相对偏高。

目前，水化学分析方法有很多，模糊综合评判法[89]在判别突水水源的方法中运用较广，但是其方法在确定预警系统阈值方面的运用较少。本研究运用综合模糊综合评判法来设定矿井水水化学中的异常预警阈值。在模糊综合评判法中，需要构建各个指标的隶属度方程，即利用已有的 TDS、Na^+、Ca^{2+} 数据分别构建在"八含"砂岩含水层和太灰含水层中 3 个指标的隶属度函数，本研究选用梯形隶属度函数来进行构建，并且将同一含水层各水样的平均值作为该含水层某项水质指标的特征值（见表4-9）。

表 4-9 各水源特征离子含量 单位：mg/L

时间	含水层	TDS	Na^+	Ca^{2+}
2006—2007 年	"八含"砂岩含水层	3352.41	1052.1	37.72
	太灰含水层	2633.87	491.50	221.90
2018 年	"八含"砂岩含水层	3302.51	1019.15	28.35
	太灰含水层	2644.30	434.25	96.14
	矿井混合水	2648.44	599.87	38.36

根据表4-9，由于2018年的水化学指标与历史数据的特征一致，为保证预警系统的准确性，选用2018年的水化学数据分别构建三个指标在各含水层的隶属度函数。因此，可得到其隶属度函数为

$$r_1(x) = \begin{cases} 0, & x \leq 2023.48 \\ \dfrac{x-2023.48}{2948.19-2023.48}, & 2023.48 < x \leq 2948.19 \\ 1, & 2948.19 < x \leq 3939.97 \\ \dfrac{4756.85-x}{4756.85-3939.97}, & 3939.97 < x \leq 4756.85 \\ 0, & x > 4756.85 \end{cases} \quad (4\text{-}3)$$

$$r_2(x) = \begin{cases} 0, & x \leqslant 2003.58 \\[2mm] \dfrac{x - 2003.58}{2023.48 - 2003.58}, & 2003.58 < x \leqslant 2295.28 \\[2mm] 1, & 2295.28 < x \leqslant 2908.64 \\[2mm] \dfrac{3012.56 - x}{3012.56 - 2908.64}, & 2908.64 < x \leqslant 3012.56 \\[2mm] 0, & x > 3012.56 \end{cases} \tag{4-4}$$

$$r_3(x) = \begin{cases} 0, & x \leqslant 483.06 \\[2mm] \dfrac{x - 483.06}{894.71 - 483.06}, & 483.06 < x \leqslant 894.71 \\[2mm] 1, & 894.71 < x \leqslant 1226.62 \\[2mm] \dfrac{1550.27 - x}{1550.27 - 1226.62}, & 1226.62 < x \leqslant 1550.27 \\[2mm] 0, & x > 1550.27 \end{cases} \tag{4-5}$$

$$r_4(x) = \begin{cases} 0, & x \leqslant 168.65 \\[2mm] \dfrac{x - 168.65}{364.78 - 168.65}, & 168.65 < x \leqslant 364.78 \\[2mm] 1, & 364.78 < x \leqslant 559.93 \\[2mm] \dfrac{637.39 - x}{637.39 - 559.93}, & 559.93 < x \leqslant 637.39 \\[2mm] 0, & x > 637.39 \end{cases} \tag{4-6}$$

$$r_5(x) = \begin{cases} 0, & x \leqslant 2.74 \\[2mm] \dfrac{x - 2.74}{13.37 - 2.74}, & 2.74 < x \leqslant 13.37 \\[2mm] 1, & 13.37 < x \leqslant 38.36 \\[2mm] \dfrac{69.36 - x}{69.36 - 38.36}, & 38.36 < x \leqslant 69.36 \\[2mm] 0, & x > 69.36 \end{cases} \tag{4-7}$$

$$r_6(x) = \begin{cases} 0, & x \leqslant 32.39 \\ \dfrac{x - 32.39}{76.37 - 32.39}, & 32.39 < x \leqslant 76.37 \\ 1, & 76.37 < x \leqslant 110.21 \\ \dfrac{213.49 - x}{213.49 - 110.21}, & 110.21 < x \leqslant 213.49 \\ 0, & x > 213.49 \end{cases} \qquad (4\text{-}8)$$

式中，$r_1(x)$ 和 $r_2(x)$ 为"八含"含水层和太灰含水层的 TDS 隶属度函数；$r_3(x)$ 和 $r_4(x)$ 分别为"八含"与太灰含水层的 Na^+ 隶属度函数；$r_5(x)$ 和 $r_6(x)$ 分别为"八含"与太灰含水层的 Ca^{2+} 隶属度函数；x 为离子的实测浓度，单位为 mg/L。

矿井水的特征离子浓度介于"八含"水与太灰水之间。在进行煤层充水含水层分析后，太灰含水层对煤层威胁较大，因此主要针对太灰含水层进行预警。当太灰水存在突水风险时，必然伴随有 TDS 降低，Na^+ 浓度降低以及 Ca^{2+} 浓度升高等特点。根据指标性质的不同，确定 TDS 和 Na^+ 的异常阈值的方法主要是以太灰含水层的隶属度为 1 时的浓度为参照。以 TDS 为例，当太灰含水层的隶属度为 1 时，TDS 最大值为 2908.64mg/L，所以该值为 TDS 异常时的阈值，TDS 低于此值应发异常预警。而 Ca^{2+} 相对较为敏感，该指标以太灰含水层的隶属度为 0.5 时的浓度为参照，当隶属度为 0.5 时，Ca^{2+} 浓度为 54.38mg/L，所以该值 Ca^{2+} 为异常时的阈值。根据分析，研究区其他指标异常阈值汇总见表 4-10。

表 4-10 　　　　　　水化学指标阈值汇总表 　　　　　　单位：mg/L

评价指标	TDS	Na^+	Ca^{2+}
异常阈值	2908.64	559.93	54.38

4.2.3 微震活动异常阈值分析

微震活动是由许多震源破坏组成的，微震活动可用在一定时间和空间内发生的微震事件产生的时间 t、震源位置 $X(x, y, z)$、地震矩 M 和发射的能量 E 等参数来描述。通过地震事件发生的时间和空间位置，可以直接分析在不同时间域和空间域内的地震活动时空变化，研究地震活动的积聚规律等。除时间和空间位置外，通过考虑每个地震事件的地震矩和能量，就可以研究地震活动的强度特征。在地震学理论中，大的地震事件过后会有小震群发的现象，或者是大震来临之前会有小的前震现象。对应矿山微震监测同样有大事件伴随小事件发生的小震群现象。因此，在微震事件时间簇密度可以作为矿山微震监测中的分析指标：

$$\eta_{[t_i, t_j]} = \frac{n_{[t_i, t_j]}}{\sum_{i=1}^{T} n_i} \tag{4-9}$$

式中：微震事件时间簇密度，指的是微震事件在给定的时间簇集，单位时间内发生微震的频率。$n_{[t_i, t_j]}$ 指的是时间段 $[t_i, t_j]$ 微震事件发生率与时间簇 T 呈正比关系。

根据恒源煤矿所在的微震工作，在 2018.6.26—2018.10.23 的 110 多天中微震事件时间簇目的变换悬殊，69.84% 的时间簇密度小于 6%，仅有 5.01% 的时间簇密度大于 10%，没有微震事件的时间簇密度大于 13%（见图 4-15）。所以，微震事件的时间簇密度数上限值为 13%，则该时间段的采动破坏、地下水运动加剧，需予以警示。

（2）异常监测步骤

①根据恒源煤矿水文地质条件，深入分析恒源煤矿在Ⅱ63采区的监测指标和监测方案，进行综合分析评价，根据Ⅱ633工作面的监测手段，选择相关指标。分析 2011—2018 年水文长观孔的水位、Ⅱ63采区水压、正常涌水量、水温及相关水质分析结果的变化情况，确定各个指标在近几年的正常变化范围。

②在恒源煤矿监测方案的基础上，在Ⅱ633工作面布设相关监测传感器。通过监测 T_1 钻孔和其他水文地质长观孔以及Ⅱ63采区相关工作面的评价指标，获取监测值并与正常范围进行比较。当监测值出现异常时，

系统向相关人员发出提示，必要时加密监测，找出指标变化的原因。

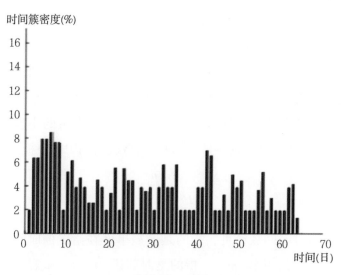

图 4-15　微震事件时间簇密度图

③计算监测指标数据的变化幅度并与变化阈值进行比较。当监测指标出现异常时，计算指标的变化幅度，判别是否超过监测指标的变化阈值，观察监测指标的变化趋势。当变化幅度较小的，查清变化原因；当变幅较大时，组织有关专家进行会审，开展下一步工作。单因素评价体系的异常监测阶段流程图如图 4-16 所示。

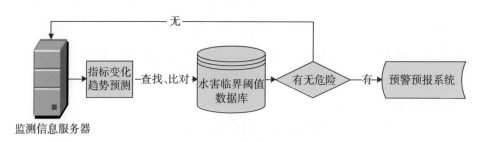

图 4-16　异常监测阶段流程图

4.3 指标分级预警判别准则

本章节的分级预警模式主要为梯度预警模型。但根据指标体系中指标特性的差异，梯度预警模型可细分为变幅预警模式和变值预警模式。其核心是分析危险源数值的波动，开展数值分析，并根据指标超过阈值之后的数值变化梯度对危险源进行预警。变幅预警模式是根据指标超过阈值的大小与阈值的比值来确定各指标的变化幅度，将变幅分为 4 个等级以进一步构成预警；变值预警模式只计算指标超过阈值的大小：

$$\mathrm{XI}(n) = \frac{X_n - X_s}{X_s} \times 100\% \qquad (4\text{-}10)$$

$$\mathrm{XI} = |X_n - X_s| \qquad (4\text{-}11)$$

式中：X_n 是指标的实时监测值，X_s 是指标异常时的阈值，$\mathrm{XI}(n)$ 是指标变幅分级预警的幅度；XI 是指标变化绝对值。

科学进行预警预报可为制定各种预案、救援措施提供科学依据，避免灾害或最大限度地降低灾害造成的损失，保障隧道施工安全。临突预报的目的是为了在灾害发生之前采取措施，防止灾害发生或减轻灾害程度，其流程如图 4-17 所示。

临突预报阶段能有效地保障井下工作人员的安全，并在隐患出现时以第一时间采取相关措施，提高了安全生产效率，并通过加大安全生产的监管力度来降低事故发生的概率。临突预报阶段确定各个指标在异常后的预警等级，分为 4 个等级：低风险、中等风险、高风险和极高风险，确定各指标每个风险等级的阈值，计算出各个风险等级的隶属函数，确定出各个风险等级的评价值区间。

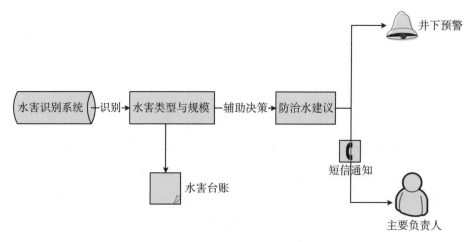

图 4-17　临突预报阶段流程图

4.3.1　单因素指标的数学模型

（1）水位

水位作为预警系统中最重要的指标，变化情况复杂。因此为研究水位的分级预警阈值，主要是在时间以及空间上将条件细化。

首先，在分析正常情况下含水层水位的变化中，从宏观角度出发，研究的时间尺度较大，主要以日平均水位为单位，研究一整年的变化情况。但是，在高承压突水事件中，伴随含水层地下水的大量快速流失，往往在几个小时内，含水层水位大幅度下降。因此，当水位超过异常阈值时，在加密监测的情况下，其阈值下降的时间尺度是以每 12h 为单位。

其次，是空间上的补充。当煤矿突水发生后，距离突水地点不同位置观测到的水位降深明显不同，因此规定利用突水点半径 1km 内的水位变化情况进行阈值确定。

在分析过程中发现，各个含水层正常水位的背景值有着较大的差别，因此使用变幅预警模式并不可取，选择变值预警模式效果较好，因此根

据梯度预警模式的原理,水位的梯度预警公式为:

$$ZI = \left| Z_n - Z_s \right| \tag{4-12}$$

式中:Z_n 是水位的实时监测值;Z_s 是水位异常时的阈值;ZI 是水位变化绝对值。

对桃园煤矿的特大型突水的水位数据(见表 4-10)进行分析,该突水为典型的华北型煤田奥灰岩溶水突水。突水发生后,通过对突水点附近的水位分析,在突水后的 17h 之内,奥灰水位下降 40m 以上(见图 4-18)。为分析水位的下降情况,该组数据的第一个值为水位异常阈值。在这次的特大型突水事件中,根据式(4-12),2h 内监测到水位下降近 10m,在6h 后水位下降已经超过 20m。在充分考虑到突水程度的不同且为了达到预警的目的,在结合专家意见后得出从水位数据异常开始时,直到异常后的 6h 内,对水位异常的监测孔加密监测。在这 6h 内,ZI≤1 为无危险;1<ZI≤2 为低危险;2<ZI≤5 为中度危险;5<ZI≤10 为高危险;ZI>10 为极高危险(见表 4-11)。

表 4-10   桃园煤矿突水后奥灰水位统计表[103]

时间	奥灰水位(m)	时间	奥灰水位(m)	时间	奥灰水位(m)
2:00	-15.7	13:00	-47.84	0:00	-64.09
3:00	-22.49	14:00	-49.09	1:00	-65.21
4:00	-25.67	15:00	-52.09	2:00	-66.31
5:00	-28.73	16:00	-52.95	3:00	-67.3
6:00	-31.6	17:00	-54.93	4:00	-68.27
7:00	-34.39	18:00	-56.5	5:00	-69.19
8:00	-36.93	19:00	-57.98	6:00	-70.07
9:00	-39.31	20:00	-59.31	7:00	-70.87
10:00	-41.6	21:00	-60.53		
11:00	-43.78	22:00	-61.74		
12:00	-45.87	23:00	-62.94		

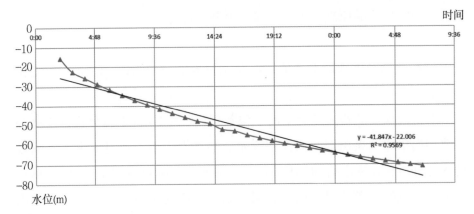

图 4-18　桃园煤矿突水后水位变化图

表 4-11　　　　　　　　　　　　**水位分级预警表**

评价项目	评级指标	危险等级
ZI	ZI≤1	无危险
	1<ZI≤2	低危险
	2<ZI≤5	中等危险
	5<ZI≤10	高危险
	ZI>10	极高危险

（2）涌水量

矿井涌水量受主要充水含水层、含水层富水性以及多个含水层之间的水力联系等众多因素的影响，且根据实际数据分析，矿井涌水量跨度较大。实际研究中所有数据共同反映了矿井涌水量在超过正常阈值后在较短时间内迅速增长。为了在确保安全且尽可能保证预警准确，利用涌水量这一指标的单因素分级预警模式与水位的预警模式有着一定的区别，最大的区别是涌水量指标采用变幅预警模式。

为了分析涌水量指标的分级预警模式及有效确定分级预警阈值，在整理以往突水案例的基础上,选择具有代表性的恒源矿的 3 次小型突水事件,以及邻近矿的 1 次特大型突水事件进行具体分析。3 次小型突水事件分别在 Ⅱ6112 工作面风巷、Ⅱ6112 工作面和 Ⅱ627 工作面。3 次事件中 Ⅱ6112 工作面的两次事件比较类似,首先是底板出现底鼓,之后在钻场前后 20m 范围多处出现底板渗水现象,揭露断层前后,工作面突水量从 2~3m³/h,逐渐增大至 15m³/h,且具有增大趋势(见图 4-19 和图4-20)。Ⅱ627 工作面的突水事件变化过程明显,突水前正常为存底板渗水,单点水量均小于 0.5m³/h。当揭露断层后,由于巷道岩层破碎以及导水裂隙发育,过断层前后巷道总水量增大至 15m³/h 左右,后经过时间的推移,水量逐渐增大至 20m³/h 并保持稳定(见图 4-21)。而临近矿的特大型突水模式与小型突水相近,但涌水量有较大差异:一开始发现底板底鼓和渗水,0.5h 后涌水量稳定在 30m³/h 左右,1h 后,涌水量迅速增加到 150~200m³/h,并持续性增大(见图 4-22)。

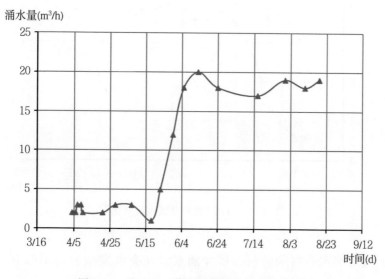

图 4-19　Ⅱ6112 工作面风巷涌水量变化曲线

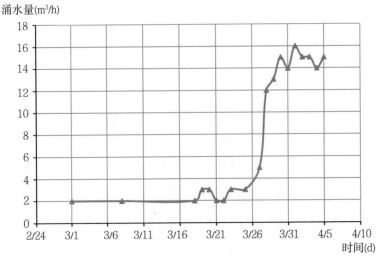

图 4-20　Ⅱ6112 工作面涌水量变化曲线

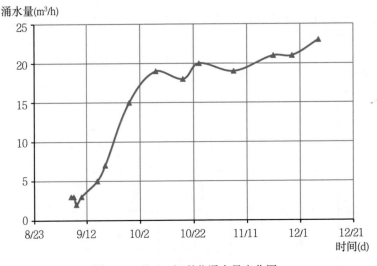

图 4-21　Ⅱ627 机联巷涌水量变化图

　　通过对突水资料的分析，矿井涌水量在突水发生后的增幅有着较接近的一致性，其增长幅度可以达到异常预警阈值的 2~3 倍以上。由于突水规模的差异矿井涌水量的数值变化有着较大差异，所以涌水量的梯度

预警模式为

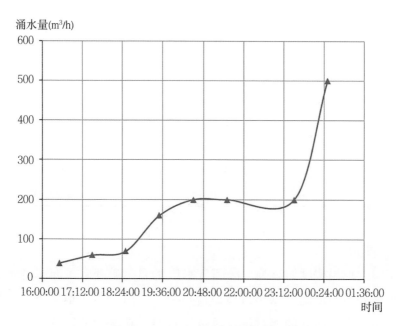

涌水量(m³/h)

图 4-22　重大突水涌水量变化曲线

$$QI(n) = \frac{Q_n - Q_s}{Q_s} \times 100\% \qquad (4\text{-}13)$$

式中：Q_n 是矿井涌水量的实时监测值；Q_s 是矿井涌水量异常时的阈值；$QI(n)$ 是涌水量变化幅度。

在已有的突水资料中发现，水量超过异常阈值 2~3 倍的时间差异较大，有些突水可能是在 24h 以后达到，而有的突水事件则在短短的几个小时就会发生。一般情况下，由于水量增加迅速，难以在较短时间采取措施而造成较大的风险。因此，鉴于较为复杂的涌水量变化情况，在分析之前的资料的基础上进一步再结合专家意见，为保证将风险降至最低，规定当涌水量异常时，加密监测 6h 内的涌水量变化。最终确定在 6h 内，涌水量分级预警的阈值为：$QI(n) \leqslant 1$ 为无危险；$1 < QI(n) \leqslant 2$ 为低危险；

2<QI(n)≤3 为中低危险；3<QI(n)≤4 为高危险；QI(n)>4 为极高危险（见表 4-12）。

表 4-12 涌水量分级预警表

评价项目	评级指标	危险等级
QI(n)	QI(n)≤1	无危险
	1<QI(n)≤2	低危险
	2<QI(n)≤3	中等危险
	3<QI(n)≤4	高危险
	QI(n)>4	极高危险

（3）水温

水温受地温梯度的影响，深部含水层水温与矿井直接充水含水层的水温存在差异，因此可以作为预警指标之一。由于很多情况下，主要充水含水层与煤层所处的相对位置较近，水温存在变化值以及变化幅度都较小，须根据其独特性质选取适当的分级预警阈值。

以任楼矿岩溶陷落柱典型的突水案例为例。根据所测的水温数据（见图 4-23），通过对突水点附近的水温分析，在突水后的 1d 后，水温升高了 1℃，15d 后升高了 2℃。在正常情况下，水温的变幅是非常微弱的，15d 内变幅不会超过 0.5℃，所以突水后的水温的增长较为明显。由于水温变化数值在短时间内变化情况极小，且受传感器精度、井下施工等多种因素影响，因此在设置分级预警阈值时采用变值预警模式

$$TI = |T_n - T_s| \tag{4-14}$$

式中：T_n 是水温的实时监测值；T_s 是水温异常时的阈值；TI 是水温变化绝对值。

根据以往对皖北地区的地热研究，确定地温随深度的增加逐渐升高且表现出良好的线性关系，在刘桥一矿以及恒源煤矿区域内的地温梯度为 1.5℃/100m，如果在突水前通过温度传感器监测到水温超过异常阈值

且在短时间内(24h 内)上升 1℃，则足以说明可能伴随着下伏高承压含水层突水的可能。除此之外，考虑到温度传感器的精度为 0.1℃，在 24h 内温度上升高达 1℃ 时，已经可能造成较大风险。所以，水温的分级预警阈值为 TI≤0.1 为无危险；0.1<TI≤0.2 为低危险，0.2<TI≤0.5 为中低危险，0.5<TI≤1 为高危险，TI>1 为超高危险(见表 4-13)。

表 4-13   **水温分级预警表**

评价项目	评级指标(℃)	危险等级
TI	TI≤0.1	无危险
	0.1<TI≤0.2	低危险
	0.2<TI≤0.5	中等危险
	0.5<TI≤1	高危险
	TI>1	极高危险

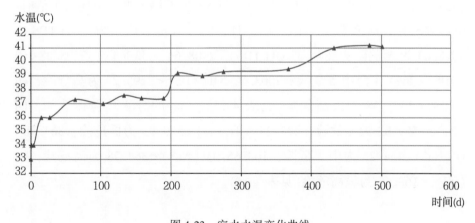

图 4-23   突水水温变化曲线

4.3.2 水化学指标的分级阈值

矿井水化学相关指标经常用于矿井充水水源的判别，针对不同研究区的水文地质条件差异，利用综合模糊评判方法判别矿井主要充水水源。

相对的，运用水化学指标进行预警模型构建相对较少，而进一步对水化学指标进行定量分级预警阈值的确定则更是有较大难度。因此，以水化学指标异常阈值的确定为依托，根据 TDS、Na^+ 以及 Ca^{2+} 水化学指标特性的不同，进一步确定各自的分级阈值。

(1) TDS 与 Na^+

通过对煤层主要充水含水层的分析可知，恒源煤矿 II 633 工作面受太灰含水层的威胁较大，因此主要针对太灰含水层的特性建立预警系统。通过对太灰水以及煤层下部"八含"含水层的水质分析，太灰水的 TDS 与 Na^+ 比"八含"水和矿井混合水都要低。因此，两个指标存在着共同点为：当监测值越低时，风险越高。

首先，规定 TDS、Na^+ 的分级预警评价指标为 QI(TDS) 和 QI(Na^+)。太灰水的 TDS 与 Na^+ 的特征值分别是 2644.3mg/L 和 434.25mg/L，即当监测指标接近这个值时，太灰水占比重较大。TDS 与 Na^+ 的异常阈值为 2908.64mg/L 和 559.93mg/L，当 TDS 与 Na^+ 的监测值低于上述两个值时，开始进入分级预警模式。最终确定 TDS 的分级预警体系为：QI(TDS) > 2908.64 为无危险；2644.3 < QI(TDS) < 2908.64 为低危险；2295.28 < QI(TDS) < 2644.3 为中等危险；2003.58 < QI(TDS) < 2295.28 为高危险；QI(TDS) < 2003.58 为极高危险(见表4-14)。Na^+ 的分级预警体系为：QI(Na^+) > 559.93 为无危险；434.25 < QI(Na^+) < 559.93 为低危险；364.78 < QI(Na^+) < 434.25 为中等危险；168.65 < QI(Na^+) < 364.78 为高危险；QI(Na^+) < 168.65 为极高危险(见表4-15)。

表 4-14   **TDS 分级预警表**

评价项目	评级指标(mg/L)	风险等级
QI(TDS)	QI(TDS) > 2908.64	无危险
	2644.3 < QI(TDS) < 2908.64	低危险
	2295.28 < QI(TDS) < 2644.3	中等危险
	2003.58 < QI(TDS) < 2295.28	高危险
	QI(TDS) < 2003.58	极高危险

表 4-15   **Na^+分级预警表**

评价项目	评级指标(mg/L)	风险等级
$QI(Na^+)$	$QI(Na^+) > 559.93$	无危险
	$434.25 < QI(Na^+) < 559.93$	低危险
	$364.78 < QI(Na^+) < 434.25$	中等危险
	$168.65 < QI(Na^+) < 364.78$	高危险
	$QI(Na^+) < 168.65$	极高危险

(2)Ca^{2+}

在研究区内,由于太灰水自身的 Ca^{2+} 浓度相对较高,且根据突水案例分析,深部灰岩含水层突水伴随着 Ca^{2+} 浓度增大的趋势。因此,当 Ca^{2+} 监测值增大时,其伴随的突水风险越高。规定 Ca^{2+} 的分级预警评价指标为 $QI(Ca^{2+})$,太灰水的特征值 Ca^{2+} 是 96.14mg/L;Ca^{2+} 的异常阈值为 54.38mg/L;由式(4-13),确定 Ca^{2+} 的分级预警体系为 $QI(Ca^{2+}) < 54.38$ 为无危险;$54.38 < QI(Ca^{2+}) < 76.37$ 为低危险;$76.37 < QI(Ca^{2+}) < 96.14$ 为中等危险;$96.14 < QI(Ca^{2+}) < 110.21$ 为高危险;$QI(Ca^{2+}) > 110.21$ 为极高危险(见表 4-16)。

表 4-16   **Ca^{2+}分级预警分级表**

评价项目	评级指标(mg/L)	风险等级
$QI(Ca^{2+})$	$QI(Ca^{2+}) < 54.38$	无危险
	$54.38 < QI(Ca^{2+}) < 76.37$	低危险
	$76.37 < QI(Ca^{2+}) < 96.14$	中等危险
	$96.14 < QI(Ca^{2+}) < 110.21$	高危险
	$QI(Ca^{2+}) > 110.21$	极高危险

4.4　单因素指标的趋势模型

单因素分级预警时不仅要考虑每个定量化指标的阈值确定，将监测指标的监测值与分级预警的阈值相比较，以达到做出合理的预警。为保证预警系统的准确性，须充分考虑单因素分级预警时各个指标的趋势性变化。以往诸多煤矿突水的案例表明，煤矿监测指标在突水后，具有一定趋势性的变化：桃园煤矿发生突水事故后，根据钱营孜矿水文孔观测资料，奥灰含水层水位在 10d 内一直处于大幅度的下降趋势；1996 年，皖北任楼矿在切眼的北帮开始大量出水，初始水量为 50m³/h，在短短的几个小时内，水量迅速增大到 1980m³/h，整个过程出水量由小逐渐增大，存在一个水量增大的趋势，任楼矿Ⅱ51 轨道大巷突水事件同样有出水量增大的趋势，初始出水量只有 1m³/h，出水量迅速达到 16m³/h，且并不存在下降的趋势。充分收集恒源煤矿以往的水位、涌水量、水温监测值，对其进行整理分析，根据每个指标的特性，构建单个指标随时间变化的趋势性分析图，并得出线性回归方程。

①水位：根据 2018 年 7 月到 10 月的实时监测水位分析，水位正常时的线性回归方程为 $y=-0.1349x-352.7$。对桃园煤矿突水事件的统计发现，桃园煤矿突水前水位线性回归方程为 $y=-1.097x+2253.6$，突水时的线性回归方程达到 $y=-10.07x+2679.6$。根据恒源煤矿的长期工作经验，奥灰水水位日下降 2m（长期实践经验值）需警戒，结合专家意见并充分考虑实际情况，最终得到在 24h 内，监测到水位的线性回归方程与 $y=-2x-352.7$ 相近时须发出预警。

②涌水量：收集 2015 年和 2016 年全年的Ⅱ63 采区涌水量，经过整理分析，得到正常情况下涌水量的线性回归方程为 $y=1.691x+25.359$（见图 4-24），在历史突水事件过程中，涌水量的线性回归方程达到 $y=176.62x+$

605.53，充分考虑恒源煤矿的实际情况并结合相关专家意见，最终确定监测到水量的线性回归方程与 $y=16.91x+25.359$ 相近时须发出预警。

③水温：水温指标存在与水位和涌水量不同的特有性质。在正常情况下，水温变化不明显，很少存在一直上升的趋势，但存在突水危险时，上升趋势明显。在分析任楼矿Ⅱ51轨道大巷突水事件时，发现水温上程式的趋势特征明显，其线性回归方程为：$y=0.0135x+35.091$，由于恒源煤矿在该采区的正常水温小于33℃，考虑多方面因素，当有较长时间（10d），水温的线性回归方程接近于 $y=0.02x+33$ 时须发出预警。充分考虑量化指标的趋势性变化，是预测预警系统的重要方面，对保证煤矿安全生产具有重要意义。

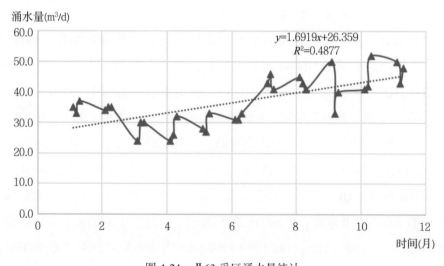

图4-24　Ⅱ63采区涌水量统计

4.5　本章小结

本章重点整理分析了矿区近10年各指标记录数据，基于各指标正常情况的变化，提出了各指标异常预警阈值。根据《煤矿防治水细则》相关标准，通过分析各类突水案例中各指标变化情况，提出了各指标的4级分级预警方法；而且根据恒源煤矿的水文地质条件和预警指标数据给出定量化预警准则描述。同时，基于风险理论与专家决策评判的AHP方法，构建了多因素突水风险预警模型。本章主要研究结论如下：

①提出了监测异常阈值及分级预警阈值理论基础。

确定采掘工作面实时突水预测预警系统最有效的4个指标。这4个指标分别是：水位、涌水量、水温、微震事件时间簇密度。矿井涌水量的异常判别方法为统计参数法，矿井水位、水温、微震事件时间簇密度的异常监测方法为基于阈值的异常监测方法，得到了确定阈值的理论依据。

②构建了单因素评价体系与预警模型。

首先，构建了各个典型突水监测指标的分级预警评价模型：水位为 ZI；工作面涌水量为 $QI(n)$；水温为 TI；主要三项离子指标分别为：$QI(TDS)$、$QI(Na^+)$ 和 $QI(Ca^{2+})$。然后，确定了各指标分级预警阈值。水位：6h内，$ZI \leqslant 1$ 为无危险；$1 < ZI \leqslant 2$ 为低危险；$2 < ZI \leqslant 5$ 为中度危险；$5 < ZI \leqslant 10$ 为高危险；$ZI > 10$ 为极高危险；工作面涌水量：6h内，$QI(n) \leqslant 1$ 为无危险；$1 < QI(n) \leqslant 2$ 为低危险；$2 < QI(n) \leqslant 3$ 为中等危险；$3 < QI(n) \leqslant 4$ 为高危险；$QI(n) > 4$ 为极高危险。水温：24h内，$TI \leqslant 0.1$ 为无危险；$0.1 < TI \leqslant 0.2$ 为低危险；$0.2 < TI \leqslant 0.5$ 为中等危险；$0.5 < TI \leqslant 1$ 为高危险；$TI > 1$ 为极高危险。TDS：$QI(TDS) > 2908.64$ 为无危险；$2644.3 < QI(TDS) < 2908.64$ 为低危险；$2295.28 < QI(TDS) < 2644.3$ 为中等危险；$2003.58 < QI(TDS) < 2295.28$ 为高危险；$QI(TDS) < 2003.58$ 为极高危险。Na^+：$QI(Na^+) > 559.93$ 为无危险；$434.25 < QI(Na^+) < 559.93$ 为低危险；$364.78 < QI(Na^+) < 434.25$ 为中等危险；$168.65 < QI(Na^+) < 364.78$ 为高危险；$QI(Na^+) < 168.65$ 为极高危险。Ca^{2+}：$QI(Ca^{2+}) < 76.37$ 为无危险；$54.38 < QI(Ca^{2+}) < 76.37$ 为低危险；$76.37 < QI(Ca^{2+}) < 96.14$ 为中等危险；$96.14 < QI$

$(Ca^{2+})<110.21$ 为高危险；$QI(Ca^{2+})>110.21$ 为极高危险。

③单因素分级预警时为保证预警系统的准确性，须充分考虑单因素分级预警时各个指标的趋势性变化。充分收集恒源煤矿以往的水位、涌水量、水温监测值，整理并分析每个指标的特性，构建单个指标随时间变化的趋势性分析图，并得出线性回归方程。充分考虑量化指标的趋势性变化，是预测预警系统的重要方面，对保证煤矿安全生产具有重要意义。

第5章
矿井突水的多因素综合预警模型与构建

随着煤层开采深度的加大，煤矿采掘工作面底板突水预警系统的研究是高承压太灰水和奥灰水上采煤安全性的重大课题。特别是《煤矿防治水细则》中确定了"采取探、防、堵、疏、排、截、监等综合防治措施"后，矿井突水的监测预警研究更加受到重视。但是，到目前为止，相关研究仍然主要是依据监测指标的单因素异常情况进行预警识别，缺乏同时考虑多个因素的矿井突水风险综合预警识别模型。

煤层底板突水的多因素预警模型建立的实质是基于煤层底板突水前兆信息的预警指标体系进行安全性评价并以定量化识别和预警发布的过程。煤层底板突水是一个多因素控制的现象。在突水事件的孕育和发生前后，相关的水文地质条件会发生较大变化，大量前兆信息的变化能够较为有效地反映突水过程。因此，煤矿采掘工作面综合突水预警模型的建立需要考虑多指标的综合影响，在考虑多指标的综合变化情况下的预警模型将更加系统与科学。

风险评价理论最早来自于 19 世纪西方经济学。1901 年，威雷特（A. H. Willet）首次指出"风险是关于不愿发生的事件发生的不确定性之客观体现"[90]。之后，有众多学者对风险理论进行了一系列的补充与发展，Yates 和 Stone 提出的风险结构三因素，即潜在的损失、损失的大小以及潜在损失发生的不确定性，是现代风险理论的基本概念框架[91]。目前，其他各领域的专家学者还未对风险下适用于各个领域的定义，对风险的最广泛解释是风险是某一事件发生危险的概率与其后果的函数。

$$R = f(p,\ c) \tag{5-1}$$

式中：R 为风险；p 为某一事件发生的概率；c 为该事件所造成的后果。

在我国尤其是我国华北型煤田，煤层底板的突水事件往往造成大量经济损失，就如何量化突水事件可能导致的风险并没有较为准确的定义。众多专家学者认为在无人为干预的情况下，煤层开采导致的高承压底板突水是客观存在的，而且突水后果是不确定的，因此可以引入风险理论来论述煤层底板突水的危险性。根据煤矿突水预警体系指标的变化情况以及风险理论，预警系统的量化评估同样包括指标异常变化后的危险性以及所反映的突水发生的可能性。目前，利用风险理论常常用到的风险评价矩阵来准确衡量。

5.1 矿井底板突水的风险评价矩阵建立

5.1.1 矿井底板突水的风险概率估计

风险理论在多因素综合评价以及决策等方面理论支撑较为成熟、可操作性强以及所得结果较准确等特点，风险理论被广泛应用于其他工程领域的评价。风险包括事件潜在发生的可能性，因此对事件发生的概率须进行合理的估计。风险概率目前普遍认为包括主观概率和客观概率。客观概率是指保证某事件的发生背景不变，多次统计某类事件的发生结果，以发生频率代表事件发生的概率。客观概率实质上是把每一个典型事件作为独立重复事件进行大量的重复试验进而以数学理论预测其发生可能性。主观概率在本质上与客观概率有着很大的区别。主观概率指针对某一风险事件，对风险事件有一定认识的专家凭借经验或者在一系列工程实践的基础上主观推断而得出的概率，并非数学计算获得而是人为主观获得的。在实际工程中，主观概率经常应用于可以重复试验，但试验的造成损失过大的事件，如在天然状态下，煤矿突水发生率等事件。因此，在一些实际工程中无法得出客观概率，只能选择主观概率代替某事件发生的风险概率。

主观概率主要受专家对某类事件发生的背景信息以及这一类事件的认识的影响。主观概率是人们基于对某类事件的长期实践而得出的，其概率估计的主观性存在着一定的约束，并非纯主观的随意估计。由于主观概率是人们的主观估计，所以不同的人对同一事件给出的概率大小可能会有不同的结果。而且，某一类事件的发生背景也不可能完全相同，所以具体概率则要依据多位专家的经验推断来计算。因此，利用专家调查打分法进行风险概率估计往往结果可靠。专家调查打分法在各领域中用途较为广泛，其最大优点是不需要建立较为复杂的数学模型，尤其是在相对较为缺乏统计数据的情况下可为研究对象做出较为有效的评价或者预测。而在其他应用领域的实践也同样证明，专家调查打分法分析某类风险较高的事件并给出的评价往往是在对研究对象有着大量的理论研究或实践经验上，进一步对研究对象的发生概率或者风险大小进行有效估计。专家调查打分法的有效手段是给各个专家分发关于研究领域的专家调查表。根据华北型煤田煤矿底板突水事件的特点以及突水前兆信息的变化情况，针对各个指标分级预警中各个等级采用层次分析调查表。评价的第一级即总目标为煤层底板突水发生的概率；总目标的概率估计由预警指标体系的 6 个指标的概率估计组成，作为第二级；最下级为各个指标的各个预警等级。

风险概率定量化的方法最早是由美国空军电子系统中心运用风险矩阵进行评价决策时所提出的[92]，也是目前在各个领域广泛应用的一种方法。在其评价过程中，风险概率被分为 5 个级别：非常不可能发生，$0 < p < 0.1$；不可能发生：$0.11 < p < 0.4$；有些可能发生：$0.41 < p < 0.6$；很可能发生：$0.61 < p < 0.9$；极可能发生：$0.91 < p < 1$。风险概率的划分应尽可能

与各个行业的规范保持相近，以保障最后的评价以及决策结果尽可能反映风险的级别，进而为后续的工作奠定基础。到目前为止，我国众多工程领域里并不存在一个统一的风险概率划分标准，不仅仅是不同的行业有不同的标准，即使是相同领域的工程，其评价标准随时间，地域的差异也有算不同。因此，在考虑我国煤矿防治水的相关规程的基础上，以及研究区煤矿防治水的历史案例基础上，重新划分风险概率为 4 个级别：几乎不可能发生 $0<p\leqslant0.1$；可能发生 $0.1<p\leqslant0.4$；很可能发生：$0.4<p\leqslant0.8$；极可能发生：$0.8<p\leqslant1$，以此建立煤层底板突水风险概率的专家调查打分表(见表 5-1)。专家只需根据自身经验，在表内填写"√"即可。在利用专家评判打分确定发生概率时，除了专家的经验以及对煤矿防治水的认识，还设计了一系列准则作为依据(见表 5-2)。

表 5-1   底板突水预警风险概率专家调查打分表

评价指标	评价指标级别	煤层底板突水发生概率			
		几乎不可能 0~0.1	可能 0.1~0.4	很可能 0.4~0.8	极可能 0.8~1
水位 (ZI)	ZI<2				
	2<ZI<5				
	5<ZI<10				
	ZI>10				
涌水量 (QI(n))	QI(n)<2				
	2<QI(n)<3				
	3<QI(n)<4				
	QI(n)>4				
水温 (TI)	0.1<TI<0.2				
	0.2<TI<0.5				
	0.5<TI<1				
	TI>1				

续表

评价指标	评价指标级别	煤层底板突水发生概率			
		几乎不可能 0~0.1	可能 0.1~0.4	很可能 0.4~0.8	极可能 0.8~1
TDS （QI（TDS））	2644.3<QI（TDS）<2908.64 2295.28<QI（TDS）<2644.3 2003.58<QI（TDS）<2295.28 QI（TDS）<2003.58				
Na$^+$ （QI（Na$^+$））	434.25<QI（Na$^+$）<559.93 364.78<QI（Na$^+$）<434.25 168.65<QI（Na$^+$）<364.78 QI（Na$^+$）<168.65				
Ca^{2+} （QI（Ca^{2+}））	54.38<QI（Ca^{2+}）<76.37 76.37<QI（Ca^{2+}）<96.14 96.14<QI（Ca^{2+}）<110.21 QI（Ca^{2+}）>110.21				

表 5-2　　　　　　　　　**风险概率辅助评价标准表**

频率 等级	事故发生的 概率	事故发生的 可能性	判 断 标 准
1	0~0.1	几乎不可能	1. 某条件出现时，过去 5 年内发生过 1~2 次中小型突水事件； 2. 某条件出现时，过去 3 年内从未发生过突水事件
2	0.1~0.4	可能	1. 某条件出现时，过去没有发生过特大型及大型突水事故； 2. 某条件出现时，过去 3 年内发生过 1~2 次小型突水事件
3	0.4~0.8	很可能	1. 某条件出现时，过去曾经发生过特大型及大型突水事故； 2. 某条件出现时，过去 1 年内发生过若干次中小型突水事件

续表

频率等级	事故发生的概率	事故发生的可能性	判 断 标 准
4	0.8~1	极可能	1. 某条件出现，曾发生过大型及特大型突水事故或采取现有防护措施后依然发生中小型突水事故； 2. 某条件下出现，发生过若干次中小型突水事件，且矿区存在导致该类事件发生的条件

5.1.2 矿井底板突水风险评价矩阵的构建

在我国，风险评估矩阵在工程管理[93]、信息安全[94]以及经济领域[95]有了较为成功的就用，在桥梁、大坝以及隧道等具体施工建设过程中所进行的风险评估也有了非常大的进步。而风险评估矩阵在我国的煤矿防治水领域的使用还非常少，利用风险矩阵进行煤矿防治水预警系统的建立是一个新思路。

在风险理论中的众多风险评价方法中，风险评估矩阵在风险识别、分析风险的后果可能性和确定风险等级上非常适用，且其风险评价结果可量化[96]。风险矩阵的形式多种多样，最常见的有国际标准化组织(ISO)所建议的5×5矩阵。而在实际应用过程中，由于各个领域的评判标准不同，并不存在绝对的风险矩阵构建的标准。即使是同一领域，如煤矿防治水，其致灾的风险不同，构建矩阵的形式也不尽相同。因此，本书根据研究区各指标的变化情况和《煤矿防治水细则》的相关规定来建立适合的矩阵形式。由于危险程度当中无危险代表着风险为0，因此危险程度和概率都分为4级，风险矩阵采用4×4矩阵。在第4章中，预警指标体系中的每个指标按照危险程度均被分为4个等级，所以在构建风险矩阵赋值时，事件造成的后果(c)从低危险至超高危险分别赋值1~4；而突水事件发生的概率(p)从"几乎不可能"到"极可能"同样分别赋值 $1 \sim 4$,以此进行定量评价。

风险等级划分是利用风险矩阵进行风险评估的重要步骤。在原始风险矩阵中,风险等级主要划分为 5 个等级(见表 5-3)。在建立煤矿防治水的风险评价矩阵时,所建立的风险评价矩阵与原始矩阵有着较大的差别,引用原始风险矩阵的风险等级并不合适。因此,在结合原始标准以及其他领域标准的基础上,最终确定低风险的风险值为 $1 \sim 2$;中等风险为 $3 \sim 7$;高风险为 $8 \sim 11$;极高风险为 $12 \sim 16$。最终建立不同风险等级的评价矩阵(见表 5-4)。

表 5-3　　　　　　　　　　　　风险影响等级及说明表[97]

风险影响等级	风险影响量化值	定义或说明
关键	$4 \sim 5$	一旦风险发生,将导致整个项目失败
严重	$3 \sim 4$	一旦风险发生,将导致项目的目标指标严重下降
中度	$2 \sim 3$	一旦风险发生,项目受到中度影响,但项目目标部分达到
微小	$1 \sim 2$	一旦风险发生,项目受到轻度影响,但项目目标仍能达到
可忽略	$0 \sim 1$	一旦风险发生,对项目计划没有影响,项目目标能完全达到

表 5-4　　　　　　　　　　　　煤矿突水风险评价矩阵表

后果(c)	概率(p)			
	几乎不可能(1)	可能(2)	很可能(3)	极可能(4)
低危险(1)	1	2	3	4
中等危险(2)	2	4	6	8
高危险(3)	3	6	9	12
极高危险(4)	4	8	12	16

5.2 矿井底板突水多因素预警模型构建

矿井突水往往是多场共同作用的结果。从底板突水机理分析，煤层底板突水前后伴随着煤层下伏岩层的破坏及岩体应力场的改变，含水层地下水动力场的变化以及所伴随的温度场的较大变化。因此，煤矿突水的预警系统应在考虑多物理场中各个指标的变化情况下建立。

根据对恒源煤矿的水文地质条件分析，该矿区煤矿突水预警指标体系主要包括：水位、矿井涌水量、水温、TDS、Ca^{2+} 和 Na^+。但是，各个指标能够反映煤层底板突水风险的大小也所不同，即每个指标在预警系统所占的权重也不尽相同。目前，多因素评价模型中确定权重的方法较多，层次分析法（AHP）在众多方法中操作性强、准确度较高，且在《煤矿防治水细则》中，脆弱性指数法也是用 AHP 确定各指标权重。因此，本研究采用层次分析法确定各个指标的权重。

5.2.1 层次分析法（AHP）的基本理论

层次分析法（AHP）最初是由运筹学家 T. L. Saaty 提出的，是通过定性分析与定量计算共同决策的一种方法。其核心思想是把某一复杂的多因素耦合问题分解为若干主控因素，再将各个主控因素按一定关系进一步分解，最终构建出完整的层次结构。在分析各个因素的重要程度时，主要为先在同一层次中对各个因素两两比较，确定相对重要性；之后再逐级向上传递，以确定各因素对总目标的相对重要程度。层次分析法实质上是确定最底层相对于最高层的权值。

目前，层次分析法计算权重用于众多研究领域，为多属性综合决策的准确性提供了保障。层次分析法主要包括：层次模型构建、专家调查打分确定两两指标比较时的重要程度、判别矩阵的建立、一致性检验以及确定最终权重。

首先，在已建立的层次模型基础上，对所属同一上级的指标在同一层次内的重要性进行两两比较，确立判别矩阵。比较的方法引用 1~9 标度(见表 5-5)，并用专家调查打分的方法进行。

表 5-5　　　　　　　　　　判断矩阵标度及其含义表

标度	含义
1	表示 2 个因素相比，具有相同重要性
3	表示 2 个因素相比，前者比后者稍微重要
5	表示 2 个因素相比，前者比后者明显重要
7	表示 2 个因素相比，前者比后者强烈重要
9	表示 2 个因素相比，前者比后者极端重要
2，4，6，8	表示上述相邻判断的中间值
倒数	若因素 i 与因素 j 的重要性之比为 a_{ij}，那么因素 j 与因素 i 重要性之比为 $a_{ji} = \dfrac{1}{a_{ij}}$

经过打分评判，将调查数据整理，构建得到评判矩阵 A

$$A = \begin{bmatrix} a_{11} & a_{12} & \cdots & a_{1n} \\ a_{21} & a_{22} & \cdots & a_{2n} \\ \vdots & \vdots & & \vdots \\ a_{n1} & a_{n2} & \cdots & a_{nn} \end{bmatrix}$$

构建出判别矩阵 A 后，再进行一致性检验。

①计算各行几何平均值：

$$\overline{w_i} = \sqrt[n]{\prod_{j=1}^{n} a_{ij}} \qquad (5\text{-}1)$$

②归一化处理：

$$w_i = \frac{\overline{w}_i}{\sum_{i=1}^{n} \overline{w}} \tag{5-2}$$

③计算最大特征值：

$$\lambda_{max} = \sum_{i=1}^{n} \frac{(\boldsymbol{A}_w)_i}{nw_i} \tag{5-3}$$

式中：$(\boldsymbol{A}_w)_i$ 为特征向量 $(\boldsymbol{A}_w)$ 的第 i 个元素。

④一致性监测：

$$CI = \frac{\lambda_{max} - n}{n - 1} \tag{5-4}$$

将 CI 与平均随机一致性指标 RI 值（见表 5-6）相除，计算 CR 值。当且仅当 CR<0.1 时，判断矩阵符合一致性检验。

表 5-6 平均随机一致性指标 **RI** 统计表

矩阵阶数	1	2	3	4	5	6	7	8	9
RI	0	0	0.58	0.9	1.12	1.24	1.32	1.41	1.45

⑤总排序一致性检验：

$$CR_z = \frac{\sum_{i=1}^{n} CI_i w^{A/B_i}}{\sum_{i=1}^{n} RI_i w^{A/B_i}} \tag{5-5}$$

式中：CR_z 为总排序一致性比例；CI_i 为 C-B_i 判断矩阵单排序一致性指标；RI_i 为 C-B_i 判断矩阵单排序平均随机一致性指标；$w^{A/Bi}$ 为 B_i 对 A 的权重。

5.2.2 矿井突水多因素指标权重计算

利用 AHP 进行权重计算时，首先构建层次分析模型。在 3.4 节中，已将预警指标体系中的所有指标划分为三个等级。在构建预警系统时，根据所收集资料确定使用水位、涌水量、水温、TDS、Ca²⁺浓度和Na⁺浓度进行预警。确定目标层（A层）为采掘工作面突水监测预警评价；准则层（B层）为Ⅰ级指标、Ⅱ级指标和Ⅲ级指标；决策层（C层）在第Ⅰ级别指标下分为水位与涌水量，在第Ⅱ级别指标下设有水温、Ca²⁺和Na⁺浓度，第Ⅲ级别下为TDS（见图5-1）。

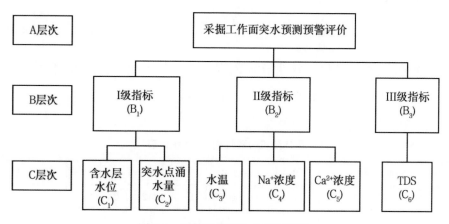

图 5-1 预警系统层次分析模型图

基于层次分析模型，利用专家评分，构建各个低层次对高层次的评判矩阵。

（1）构建 B_i-A 层次的评判矩阵

$$B_i - A = \begin{bmatrix} 1 & 3 & 5 \\ \dfrac{1}{3} & 1 & 3 \\ \dfrac{1}{3} & \dfrac{1}{3} & 1 \end{bmatrix} \qquad (5\text{-}6)$$

根据式（5-1）和式（5-2），得到 B 层次各个指标的权重为 $w_{B_1} = 0.64$，$w_{B_2} = 0.26$，$w_{B_3} = 0.1$。第一步计算特征向量 Aw。

$$Aw = \begin{bmatrix} 1 & 3 & 5 \\ \dfrac{1}{3} & 1 & 3 \\ \dfrac{1}{5} & \dfrac{1}{3} & 1 \end{bmatrix} \begin{bmatrix} 0.64 \\ 0.26 \\ 0.1 \end{bmatrix} = \begin{bmatrix} 1.935 \\ 0.784 \\ 0.318 \end{bmatrix} \tag{5-7}$$

计算特征值：

$$\lambda_{\max} = \sum_{i=1}^{n} \frac{(Aw)_i}{mv_i} = 3.038 \tag{5-8}$$

进行一致性检验：

$$CI = \frac{\lambda_{\max} - n}{n - 1} = 0.0189 \tag{5-9}$$

$$CR = \frac{CI}{RI} = 0.0327 < 0.1 \tag{5-10}$$

层次判断矩阵满足一致性检验，权重合理。

（2）构建 C-B$_i$ 层次的判别矩阵及一致性检验

$$C - B_i = \begin{bmatrix} 1 & 2 \\ \dfrac{1}{2} & 1 \end{bmatrix} \tag{5-11}$$

计算得到的权重为 $w_{C1} = 0.67$，$w_{C2} = 0.33$。由于二阶矩阵总是具有一致性，所以不需要检验随机一致性。

（3）构建 C-B$_2$ 层次的判别矩阵及一致性检验

$$C - B_2 = \begin{bmatrix} 1 & \dfrac{1}{2} & \dfrac{1}{4} \\ 2 & 1 & \dfrac{1}{3} \\ 4 & 3 & 1 \end{bmatrix} \tag{5-12}$$

计算得到的权重为 $w_{C_1} = 0.14$，$w_{C_2} = 0.24$，$w_{C_3} = 0.62$。C-B$_2$ 最大特征值 $\lambda_{\max} = 3.018$，$CI = 0.009$，$CR = 0.015 < 0.1$，层次判断矩阵满足一致性检验，权重合理。

（4）层次总排序一致性检验

$$CR_z = \frac{\sum_{i=1}^{3} CI_i w^{A/B_i}}{\sum_{i=1}^{3} RI_i w^{A/B_i}} = 0.016 < 0.1 \qquad (5\text{-}13)$$

$CR_z < 0.1$，满足总排序一致性检验要求，构建矩阵及所确定的权重合理。

在以上计算过程的基础上，将各最底层指标相对于最顶层的权重，并进行统计（见表 5-7）。因为矿井突水受矿区所在地质条件以及采掘方法等多种因素影响，上述计算的权重仅为参考值，随着监测以及开采条件等的变化，还可以进一步修正。

表 5-7　　　　　　　　　　　风险预警指标体系权重表

指标体系	指标级别	B_i–A 权重	预警指标	C_i–B 权重	C_i–A 权重
采掘工作面突水监测预警评价	Ⅰ级指标	0.64	含水层水位	0.67	0.429
			矿井涌水量	0.33	0.211
	Ⅱ级指标	0.26	水温	0.14	0.036
			Na$^+$浓度	0.24	0.063
	Ⅲ级指标	0.1	Ca^{2+}浓度	0.62	0.161
			TDS	1	0.1

5.2.3　预警模型的构建

预警模型的构建最重要的是预警机制的构建。因此，采掘工程面实时突水监测预警系统的运作流程的大概为：确定预警对象；筛选并确定预警指标及其阈值；分析并得出单因素和多因素预警模式；确定单因素评价值并计算多因素综合预警值；划分风险等级并根据实际情况预报。其中，预警对象和预警指标及阈值的确定已经详细论述。因此，制定单因素和多因素预警模式具有十分重要的意义。预警模式基本流程如图5-2所示。

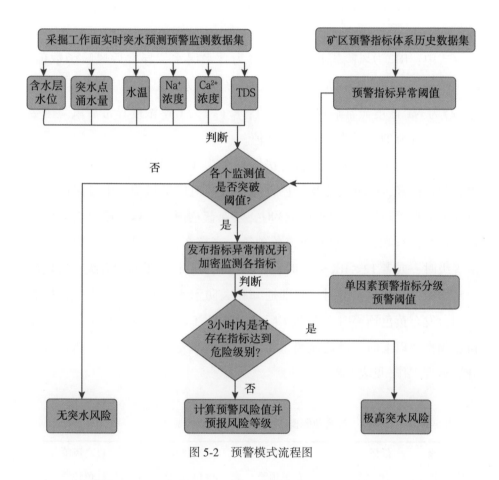

图5-2 预警模式流程图

预警模型的最终定量输出是根据各指标监测值的异常情况所得到的风险值。在结合历史数据的分析以及考虑煤矿突水的时间尺度上，增加3h内是否存在某一预警指标迅速达到危险等级，如果存在，直接判断为极高突水风险，以保证煤矿安全生产。在一般情况下，煤矿突水的各个指标存在"联动性", 即某一指标的异常, 其他部分指标同时伴随异常, 所以定量确定风险值并进行发布预警是预警系统的最终一环。

计算风险值是根据层次分析法(AHP)确定各个指标权重, 以及结合风险矩阵给出的各种情况下的风险值, 计算得到最终警报值。

$$RK = 0.429f_Z(x) + 0.211f_Q(x) + 0.036f_T(x) + 0.063f_{Na}(x)$$
$$+ 0.161f_{Ca}(x) + 0.1f_{TDS}(x) \tag{5-14}$$

式中: RK 为风险警报值; $f_Z(x)$ 为含水层水位异常后风险函数值; $f_Q(x)$ 为矿井涌水量异常后风险函数值; $f_T(x)$ 为水温异常后风险函数值; $f_{Na}(x)$ 为 Na^+ 浓度异常后风险函数值; $f_{Ca}(x)$ 为 Ca^{2+} 浓度异常后风险函数值; $f_{TDS}(x)$ 为 TDS 异常后风险函数值。

设置多指标综合风险预警等级同样分为 4 个级别, 分别是: 蓝色预警、黄色预警、橙色预警及红色预警, 分别对应低风险、中等风险、高风险和极高风险性。当 1≤RK<3 时, 发布蓝色预警; 3≤RK<7 时, 发布黄色预警; 8≤RK<12 时发布橙色预警; 当存在某指标异常 3h 内达到危险等级时, 或者 12≤RK≤16 时发布红色预警。针对不同的等级, 暂定的应对措施为: 蓝色预警时, 立即通知相关防治水经验的工作人员, 排查原因; 发布黄色预警时, 根据实际情况暂缓工作进度或停止工作; 发布橙色预警及以上时, 迅速撤离人员, 找防治水专家进行相关分析, 准备开展治理工作(见表 5-8)。

表 5-8　　　　　　　综合预警模型预警分级及应对措施表

| 风险等级 | 低风险 | 中等风险 | 高风险 | 极高风险 |
预警级别	蓝色预警	黄色预警	橙色预警	红色预警
分级标准	1≤RK<3	3≤RK<8	8≤RK<12	12≤RK≤16 或某指标异常 3h 内达到危险等级
应对措施	通知相关工作人员, 排查原因	暂缓工作进度或停止工作	迅速撤离人员, 找防治水专家进行相关分析	

上述确定的预警模型仅为理论上的计算模型，在实际生产工作中该模型不能完全适应所有条件。所以，在建立工作面模型时应结合矿井实际情况对该模型不合适的地方加以调整及验算、验证。确保模型能够正常、准确地进行监测预警工作，保证矿井工作面生产安全。

5.3 基于 BP 神经网络的多因素预警模型构建

基于 BP 神经网络的预警在财务、金融等领域运用较广[98]。在煤炭领域内，BP 神经网络现已在瓦斯预警[99]、突水水源判别[100]等方面有了一定的进步，在煤层底板突水危险性评价上，人工神经网络技术起到了较大的作用[101]。但是，在煤矿突水的预警系统设计方面，利用 BP 神经网络进行预警较少。由于指标变化导致煤矿突水风险的加大是一个非线性过程，因此本节采用 BP 神经网络进行多因素预警模型构建。

5.3.1 BP 神经网络基本理论

BP 神经网络属于人工神经网络中较为简单的一种学习算法，主要利用误差反向传播(Back-Propagation)来进行训练学习，以达到预测的目的。BP 神经网络从整体上分为输入层、隐含层和输出层，自学习和自适应能力较强。BP 神经网络一般采用 Sigmoid 传递函数，可实现输入与输出的非线性映射，因此在风险评估及预警领域有着较好的应用。BP 神经网络的学习训练方法主要包括：输入数据由输入层经隐含层到输出层的正向传播，以及误差的反向传播。输入数据根据给定阈值与权值经隐含层传递到输出层，当在输出层的输出值误差大于设定值时，误差沿着神经网络反向传递，并根据误差调整每一层的阈值及权值，使输出数据与期望数据在误差范围内并最终输出(见图 5-3)。

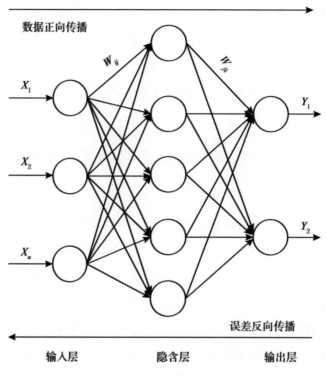

图 5-3　BP 神经网络结构示意图

BP 神经网络的搭建主要通过网络初始化、隐含层输出计算、输出层输出计算、误差计算以及权值等一系列步骤重复迭代完成。网络初始化主要包括建立输入和输出数据集，确定输入层、隐含层、输出层节点数等基本信息。在一般的 BP 神经网络中，隐含层输出（H_j）用下式确定：

$$H_j = f_j \left(\sum_{i=1}^{n} w_{ij}x_i - a_j \right) \quad j = 1, 2, \cdots, l \qquad (5\text{-}15)$$

式中：x_i 表示输入数据；a_j 表示隐含层阈值；l 为隐含层节点数；f_j 为隐含层传递函数，一般为 Sigmoid 型函数：

$$f(x) = \frac{1}{1 + e^{-x}} \qquad (5\text{-}16)$$

输出层输出计算是根据隐含层输出结果 H 与连接权值 w_{jk} 和阈值 b 计

算得到的：

$$O_k = \sum_{i=1}^{l} H_j w_{jk} - b_k \qquad k = 1, 2, \cdots, m \qquad (5\text{-}17)$$

根据预测输出 O 和期望输出 Y 计算预测误差 e：

$$e_k = Y_k - O_k \qquad k = 1, 2, \cdots, m \qquad (5\text{-}18)$$

利用误差更新网络连接权值和阈值：

$$w'_{ij} = w_{ij} + \eta H_j (1 - H_j) x(i) \sum_{k=1}^{m} w_{jk} e_k \quad i = 1, 2, \cdots, n; \ j = 1, 2, \cdots, l$$

$$(5\text{-}19)$$

$$w'_{jk} = w_{jk} + \eta H_j e_k \quad j = 1, 2, \cdots, l; \ k = 1, 2, \cdots, m \qquad (5\text{-}20)$$

$$a'_j = a_j + \eta H_j (1 - H_j) \sum_{k=1}^{m} w_{jk} e_k \quad j = 1, 2, \cdots, l \qquad (5\text{-}21)$$

$$b'_k = b_k + e_k \qquad (5\text{-}22)$$

式中：w'_{ij} 和 w'_{jk} 为更新后的权值；a'_j 和 b'_k 为更新后的阈值；η 为学习效率。

在迭代以上步骤后，误差降低到给定误差以下，权值和阈值不再变化。基于已有数据可对输入数据进行预测。

基于 matlab 和 BP 神经网络进行多因素水害预警建模，权值 w_{ij} 和 w_{jk} 可由 newff 函数自动赋值。默认的隐含层传递函数为 Sigmoid 型函数；默认的输出层传递函数为 purelin 函数，都无须人为设定。利用 matlab 进行 BP 神经网络设计较为方便实用。

5.3.2 BP 神经网络设计

利用 BP 神经网络构建矿井突水多因素预警模型的主要指标同样是含水层水位、矿井涌水量、水温、Na^+ 浓度、Ca^{2+} 浓度和 TDS 等 6 项指标；输出项是煤层突水风险值。为保证预警系统的准确性，主要的 6 项指标的数据来源为 2014—2017 年任意指标异常时，6 项指标都可查到的台账数据，共 91 组。

根据统计数据，BP 神经网络网络初始化的各项指标为：

（1）输入层

输入层节点数一般根据实际情况设定，由于本研究构建预警系统的主要影响因素是 6 个，因此输入层节点数设置为 6，各节点与指标一一对应（见表 5-9）。各指标数据为统计得到的 91 组原始数据，存于 BPdatam 文件中。

表 5-9　　　　　　　　　　　　输入节点与指标对应表

输入层	标号	指标
节点 1	X_1	含水层水位
节点 2	X_2	矿井涌水量
节点 3	X_3	水温
节点 4	X_4	Na^+ 浓度
节点 5	X_5	Ca^{2+} 浓度
节点 6	X_6	TDS

（2）隐含层

BP 神经网络隐含层节点数的确定至关重要。节点数设置较少则会出现训练不足、预测较差的情况；节点数过多会导致网络处理时间较长，过度拟合还会导致精度下降。隐含层节点数的合理选取较为复杂，目前并没有统一的公式，往往需要多次调试。一般情况下，通过输入输出层的节点数可大致确定隐含层的节点个数，最佳隐含层节点数一般通过以下公式确定：

$$l < n - 1 \tag{5-23}$$

$$l < \sqrt{m + n} + a \tag{5-24}$$

$$l = \log_2 n \tag{5-25}$$

式中：l 为隐含层节点数；n 为输入层节点数；m 为输出层节点数；a 为 0~10 之间的常数。

经过计算以及多次误差分析，最终确定预警系统的隐含层为节点数为 5 的双层隐含层。隐含层的传递函数使用默认的 Sigmoid 型函数。

（3）输出层

输出层节点数须根据输出的数据类型以及实际情况综合确定。由于本研究输出值为单一的煤层突水风险值，因此，输出层的节点数为 1。输出层的值为任意实数，传递函数选取为默认的 Purelin 型函数。

学习函数和训练函数选择 matlab 中默认的 learngdm 函数和 trainlm 函数，该算法可保证神经网络拟合较好，精度较高。在训练过程中，迭代次数设置为 1000 次，学习率设为 0.1，误差的目标为 0.001。综上，利用 matlab 建立一个 6-5-5-1 的四层 BP 神经网络预警系统（见表 5-10）。

表 5-10　　　　　　　　　BP 神经网路参数汇总表

主要参数	数值或类型
输入层节点数	6
隐含层个数	2
隐含层节点数	5
输出层节点数	1
隐含层传递函数	Sigmoid
输出层传递函数	Purelin
迭代次数	1000
误差目标	0.04
学习率	0.1

5.3.3　BP 神经网络训练与预测

利用 BP 神经网络构建预警系统主要包括网络的学习训练和监测预警

两个主要步骤。因此，根据已统计的 91 组数据，为保证学习过程充分、客观和有效，进行学习训练的数据为数据集中的随机 70 组数据，剩下的 21 组数据用于预测。

根据设置的参数，神经网络学习训练过程中，训练次数达到 1000 次或网络误差性能小于 0.001 时训练结束。根据以上标准，将统计得到的原始数据集 BPdatam. m 文件导入 matlab 中进行训练，主要代码如下：

```
%%清空环境变量
clc
clear
%%训练数据预测数据提取及归一化
%下载输入输出数据
load BPdatam BPinputdatam BPoutputdatam
%从 1 到 91 间随机排序
k = rand(1,91);
[m,n] = sort(k);
%找出训练数据和预测数据
input_train = BPinputdatam(n(1:70),:)';
output_train = BPoutputdatam(n(1:70));
input_test = BPinputdatam(n(71:91),:)';
output_test = BPoutputdatam(n(71:91));
%选连样本输入输出数据归一化
[inputn,inputps] = mapminmax(input_train);
[outputn,outputps] = mapminmax(output_train);
%% BP 网络训练
%%初始化网络结构
net = newff(inputn,outputn,[5,5]);
net. trainParam. epochs = 1000;
```

```matlab
net. trainParam. lr = 0. 1;
net. trainParam. goal = 0. 001;
%网络训练
net = train( net,inputn,outputn);
%% BP 网络预测
%预测数据归一化
inputn_test = mapminmax( 'apply',input_test,inputps);
%网络预测输出
an = sim( net,inputn_test);
%网络输出反归一化
BPoutput = mapminmax( 'reverse',an,outputps);
%%结果分析
figure( 1)
plot( BPoutput,':og')
hold on
plot( output_test,'- * ');
legend( 'predicting output','standard output')
title( 'BPnet predicting output','fontsize',12)
ylabel( 'Function','fontsize',12)
xlabel( 'symbol','fontsize',12)
%预测误差
error = BPoutput-output_test;
figure( 2)
plot( error,'- * ')
title( 'BPnet predicting error','fontsize',12)
ylabel( 'error','fontsize',12)
xlabel( 'symbol','fontsize',12)
```

figure(3)

plot((output_test-BPoutput)./BPoutput,'-*');

title('Percent of BPnet predicting error')

errorsum = sum(abs(error));

通过对神经网络进行训练，神经网络在训练到第 6 步时已达到要求（见图 5-4）。

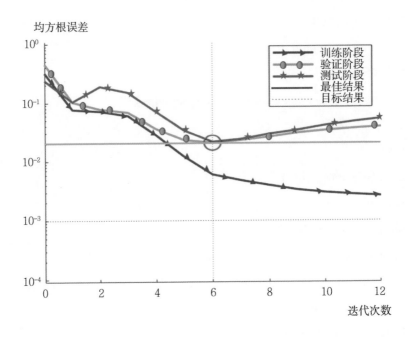

图 5-4　神经网络训练结果图

在此基础上，为验证训练结果的可靠性，进一步分析了神经网络仿真风险值与实际风险值的一致性（见图 5-5）。根据仿真输出与实际输出的线性回归分析可以确定在训练阶段 $Y = 0.96T + 0.013R = 0.98703$，其中 Y 表示预测输出数据，T 为实际数据。预测数据与实际数据线性拟合的相关系数接近 1，说明了拟合精度很高。说明在训练过程中，神经网络进行了充分的学习训练，其得到的仿真结果有较高的可靠性。

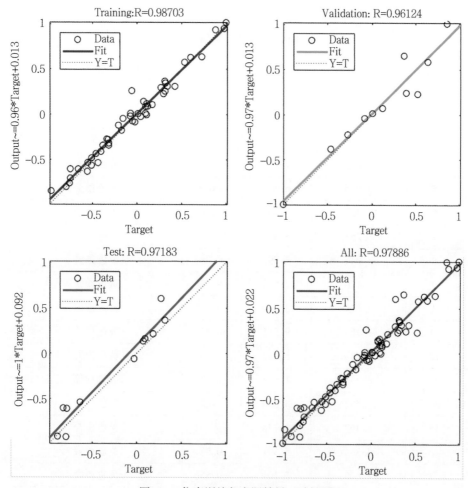

图 5-5　仿真训练与实际结果一致性图

　　在学习训练数据集的基础上，针对剩下的 21 组数据进行预测计算（见表 5-11），并与 AHP 计算的风险值进行比较（见图 5-6，图 5-7）。从图 5-6 中可直观地得到神经网络预测值与 AHP 专家打分计算风险值基本保持一致，且从图 5-7 中可以确定，误差基本上在–1~1 之间，误差超出该范围的样本较少。从表 5-11 中定量得出，21 组预测结果与 AHP 专家打分得出的警情结果基本一致。第 3、13、18 和 19 组的警情判别出现了较大的差异，视为错误预警，预警正确率可达 81%。

表 5-11　　　　　　　　　　**BP 神经网络预测情况表**

序号	AHP 计算输出	预测输出	误差	神经网络预测警情
1	3.751	3.228	0.523	蓝色预警
2	1.824	1.729	0.095	黄色预警
3	1.917	2.437	−0.520	黄色预警
4	7.862	7.233	0.629	黄色预警
5	6.996	6.363	0.633	黄色预警
6	7.457	6.452	1.005	黄色预警
7	3.253	3.076	0.177	黄色预警
8	3.043	3.795	−0.752	黄色预警
9	7.176	7.539	−0.363	黄色预警
10	2.624	3.089	−0.465	黄色预警
11	9.154	9.581	−0.427	橙色预警
12	5.733	5.922	−0.189	黄色预警
13	2.253	1.835	0.418	蓝色预警
14	7.587	5.559	2.026	黄色预警
15	5.467	5.748	−0.281	黄色预警
16	4.384	5.361	−0.977	黄色预警
17	4.545	5.101	−0.556	黄色预警
18	7.378	8.491	−1.113	橙色预警
19	1.917	2.717	−0.800	黄色预警
20	2.893	3.571	−0.678	黄色预警
21	3.143	3.758	−0.615	黄色预警

由于神经网络在预警方向需要大量的数据进行学习训练，选择数据

样本较少是误差出现的重要原因。根据以上分析，BP 神经网络预测情况与 AHP 专家打分得出的警情有较好的一致性，两者存在的偏差较小，其预测结果可有效进行预警。

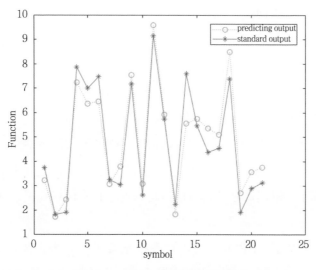

图 5-6　BP 神经网络预测情况图

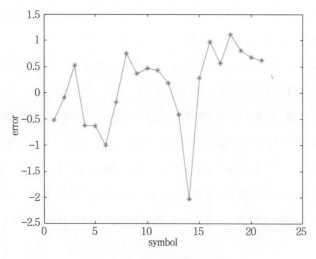

图 5-7　BP 神经网络预测误差

5.4 本章小结

本章引入风险理论，根据煤矿突水机理以及煤炭领域相关理论确定了多因素预警系统的风险评价矩阵。根据风险评价矩阵，利用层次分析理论构建了基于专家指导的煤层底板突水多因素预警模型。最终，基于神经网络构建了多因素预警系统。主要结论有：

①确定了各指标各级预警的风险概率。通过专家调查，对各指标各预警级别风险概率进行量化；根据调研，制定了煤层底板突水风险概率辅助评价标准以辅助确定风险概率。在此基础上，构建了煤层底板突水风险评价矩阵。根据煤矿突水的特点，建立了符合煤矿防治水的风险评估矩阵。

②建立了基于 AHP 方法的矿井底板预警模型。根据煤层突水过程中含水层水位、矿井涌水量、水温、Na^+、Ca^{2+} 以及 TDS 等级别及有效性，进行层次分析，并进行了一致性检验，确定了各指标对预警系统的权重。其中，含水层水位指标权重最大，为 0.429；其他指标的权重分别为 0.211、0.036、0.063、0.161 和 0.1。最终的预警模型为

$$RK = 0.429f_Z(x) + 0.211f_Q(x) + 0.036f_T(x) + 0.063f_{Na}(x) + 0.161f_{Ca}(x) + 0.1f_{TDS}(x)$$

③构建了基于 BP 神经网络的煤层底板预警模型。根据 BP 神经网络的基本理论和煤矿突水预警指标体系，统计出了符合标准的 91 组数据，构建了一个 6-5-5-1 的四层神经网络。通过对数据集进行学习训练，其训练结果与实际计算结果拟合较高，可进行监测预警。对预警结果进行分析，预警正确率达到 81%，有助于进行煤层底板突水预警。

第 6 章
矿井突水的强度预测、水源快速判别
与定量构成估算

根据《煤矿防治水细则》，突水量（Q）以 $Q \leq 60\text{m}^3/\text{h}$，$60\text{m}^3/\text{h} < Q \leq 600\text{m}^3/\text{h}$，$600\text{m}^3/\text{h} < Q \leq 1800\text{m}^3/\text{h}$，$Q > 1800\text{m}^3/\text{h}$ 为标准，分别对应小型突水、中型突水、大型突水、特大型突水等级别，再根据煤矿不同程度突水资料的分析，将每个级别分别对应突水伴随的风险大小，分为低风险、中等风险、高风险和极高风险。矿井突水水源判别[99-100]的目标是能够按照一定的矿井水质标准和数学评价方法准确地指出矿井突水的水源，为矿井水的防治提供依据。多年来，水文地球化学方法被应用于我国煤矿水害防治工作中的多个环节，在判别突（涌）水水源、确定水力联系及检验注浆效果等方面取得了十分理想的效果。在判别突（涌）水水源工作中，水文地球化学方法从水质类型对比分析、同位素分析法等，逐步发展到多元统计学方法（聚类分析、判别分析）和非线性分析方法（灰色系统理论、模糊数学、人工神经网络等），水源判别方法在不断完善。将水源判别问题抽象为一个数学分类问题，通过研究数学模型，结合定性和定量分析去综合分类，即水源地相同或很接近的归为一类，当待判别水样与某已知水源水样归为一类时就可判断出该水样水源。

6.1　矿井突水的强度与预测

分析以前工作中获取的数据，结合皖北煤电集团公司下属各矿已有突水资料，确定各个指标变化值的阈值，并结合其阈值，给出预警等级。基于对近几年恒源煤矿不同程度突水资料的分析(见表 6-1)，根据《煤矿防治水细则》，预警等级可分为低风险、中等风险、高风险和极高风险。

表 6-1　　　　　　　　　　皖北煤电突水点统计表

出水时间	出水位置	出水层位	出水量 (m^3/h)	矿区	备注
2010.1.11	II 664 里段风巷	六煤层顶板	1.5	刘桥一矿	
2008.8.4	北翼轨道巷 D30 点前 32m	8 煤底板砂岩裂隙水	1.5	卧龙湖	
2006.7.28	-380 运输石门	断层破碎带	2	刘桥一矿	
2006.10.25	II 465 外机巷	四煤顶板	2	刘桥一矿	
2006.11.24	内水仓 N8 点前 13m		2	五沟矿	
2008.10.20	1016 机巷 Z3 钻场向外 2m	底板灰岩水	2	五沟矿	
2012.4.29	1031 机巷	底板灰岩水	2	五沟矿	
2010.1.13	II 469 机巷 J18 点前 39m	四煤层顶板	2.5	刘桥一矿	
2008.11.23	1016 风巷 J18 点前 40m	底板灰岩水	2.5	五沟矿	
2012.11.19	1033 风巷	底板灰岩水	2.5	五沟矿	低风险
2007.1.5	105 工作面机巷 J5 点前 19m	岩浆岩裂隙水	3	卧龙湖	
2012.11.15	II 水平北翼皮带联巷	6 煤层顶、底板	4	恒源矿	
1997.12.2	651 工作面距风巷 F_{26} 点 10m	6 顶	5	恒源矿	
2011.1.5	II 615 工作面老空区	6 煤底	5	恒源矿	
2012.1.6	II 6117 工作面老空区	6 煤层顶、底板	5	恒源矿	
1995.3.11	659 工作面	老塘	5	刘桥一矿	
1995.7.18	II 42 总回 34# 点前 60m	"七含"	5	刘桥一矿	
1998.7.4	6516 工作面切眼往外 5m	老塘	5	刘桥一矿	
2005.3.20	II 4210 放水巷 7# 点前 50m 至 190m	4 煤顶	5	刘桥一矿	
2006.6.10	六采区进风下山	四煤底板 35m	5	刘桥一矿	
2007.1.10	II 465 里工作面	四煤顶板	5	刘桥一矿	

续表

出水时间	出水位置	出水层位	出水量 (m³/h)	矿区	备注
2007.3.17	—380 轨道石门	六煤顶板	5	刘桥一矿	
2007.10.17	Ⅱ66 轨道下山	六煤层顶板 20m	5	刘桥一矿	
2014.9.1	Ⅱ663 集中风巷	煤层顶底板砂岩	5	刘桥一矿	
2015.1.5	Ⅱ4611 工作面	煤层顶底板砂岩	5	刘桥一矿	
2011.10.2	南部井井筒	"四含"	5	祁东矿	
2005.7.14	南翼回风巷 H4 点前 92.3m 处	8 煤下砂岩裂隙水	5	卧龙湖	
2007.8.12	南翼轨道大巷 G15 点前 72m	10 煤底板一至四灰灰岩出水	5	卧龙湖	
2008.6.27	10 煤集中回风巷至 105 机巷高抽巷联巷内	10 煤底板一至三灰灰岩出水	5.2	卧龙湖	
1999.5.15	6513 风巷 F$_5$ 点后 10m	6 底	6	恒源矿	
1999.9.22	652 工作面距机巷 15m	6 底	6	恒源矿	
2007.8.4	Ⅱ613 工作面切眼、机巷	6 煤底	6	恒源矿	
2005.5.16	Ⅱ461 工作面机巷 14#点向里前 48m	6 煤顶	6	刘桥一矿	低风险
2007.1.10	Ⅱ465 外机巷 WJ12#点前 62.5m	四煤顶板	6	刘桥一矿	
2007.2.10	Ⅱ465 里工作面	四煤顶板	6	刘桥一矿	
2008.5.20	664 机巷	六煤层顶板	6	刘桥一矿	
2013.12.25	Ⅱ468 工作面	煤层顶底板砂岩	6	刘桥一矿	
2014.10.8	Ⅱ669 集中风巷	煤层顶底板砂岩	6	刘桥一矿	
2004.5.11	7$_3$19 机巷 j$_7$ 点前 10m 处底板	7$_3$ 煤、底板	6	任楼矿	
2004.11.25	8$_2$26 工作面机巷 j$_{31}$ 点前 31m 处往上 13.5m	8$_2$ 煤顶、底板	6	任楼矿	
2006.1.19	8$_2$17 机巷	8$_2$ 煤顶板	6	任楼矿	
2005.11.22	南翼轨道巷 G13 点前 6.4m	10 煤顶板岩浆岩	6	卧龙湖	
2009.12.11	6101 风巷 F14 点前 36.9m	6 煤顶板砂岩裂隙水	6	卧龙湖	
2008.5.8	东翼轨道石门 F1	3 煤	6.58	钱营孜矿	

续表

出水时间	出水位置	出水层位	出水量（m³/h）	矿区	备注
1998.2.10	621 机巷 G_{15}-F_1 点	6 顶	7	恒源矿	
2008.2.18	Ⅱ62 运输下山 L12 点前 24m	6 煤顶	7	恒源矿	
2009.6.19	Ⅱ6111 工作面机巷口	6 煤底	7	恒源矿	
1996.10.29	Ⅱ653 机巷	太灰	7	刘桥一矿	
2010.2.2	6104 机联巷 J1 点前 6m	8 煤顶板砂岩裂隙水	7	卧龙湖	
2012.11.21	1025 工作面	"四含"水	7	五沟矿	
2002.8.27	二采区运输石门	6 煤	7.5	祁东矿	
2005.9.13	运输巷机头联巷	6 煤顶板岩浆岩	7.5	卧龙湖	
2008.7.22	西翼回风石门 S17	3 煤	7.58	钱营孜矿	
1997.4.1	651 机巷 J20 点前 30m	6 底	8	恒源矿	
2000.10.6	6513 工作面	6 顶底	8	恒源矿	
1996.1.31	472 工作面风巷距 3# 点 9m	老塘	8	刘桥一矿	
2004.8.3	Ⅱ4210 风巷 1# 点前 14m	4 煤顶	8	刘桥一矿	
2011.9.5	Ⅱ46 下采区下部车场	3 煤层顶板	8	刘桥一矿	
2010.6.8	五区段底抽巷 Z6 点前 155m	8 煤顶板砂岩裂隙水	8	卧龙湖	低风险
2011.6.7	108 上提风巷 L6 点前 42.1m	风氧化带裂隙水	8	卧龙湖	
2012.7.25	北二回风大巷 F26 点前 13m	6 煤顶板砂岩裂隙水	8	卧龙湖	
2009.02.25	1012 工作面	底板灰岩水	8	五沟矿	
2008.7.25	W3₂12 集运巷 J1	3 煤	8.58	钱营孜矿	
2005.6.25	北翼运输巷 N7 点前 96m 处	7 煤上部岩浆岩	8.6	卧龙湖	
2000.3.20	652 工作面腰巷	6 底	9	恒源矿	
2009.9.1	南部运输石门 Y29 点附近	4 煤	9	祁东矿	
2014.3.7	7₁37 工作面机巷-592	7₁ 煤底板	9	祁东矿	
2005.7.29	7₂35 工作面	7₂ 煤顶板	9	任楼矿	
2001.2.27~2002.8.30	Ⅱ626 机巷 1# 点前 29m	6 煤底	9.5	刘桥一矿	
2008.10.19	西翼胶带机巷 P4	3 煤	9.58	钱营孜矿	

续表

出水时间	出水位置	出水层位	出水量 (m³/h)	矿区	备注
2014.2.15	7₁37 工作面机巷-588	7₁煤底板	9.8	祁东矿	
1999.10.8	6513 切眼横窝前 24.5m	6 顶	10	恒源矿	
2011.9.23	Ⅱ616 工作面老空区	6 煤层顶、底板	10	恒源矿	
2014.5.28	三水平主暗斜井 Y39 点前 41~46m	4 煤底板	10	恒源矿	
2003.5.20	Ⅱ4210 风巷口点至 1#点	4 煤顶	10	刘桥一矿	
2005.11.25	6 采区轨道上山 5#前 130-135m	三煤	10	刘桥一矿	
2009.1.12	Ⅱ661 风巷	六煤顶断层裂隙带	10	刘桥一矿	
2011.12.1	Ⅱ664 机巷	工作面后老塘水及 6 煤层底板	10	刘桥一矿	
2013.10.8	664 外段工作面	煤层顶底板砂岩	10	刘桥一矿	
2003.12.6	中四轨道大巷回风道	8₂26 机巷及老空区	10	任楼矿	低风险
2011.10.5	7₂40(上)北工作面	7₂煤顶板	10	任楼矿	
2009.4.19	北翼二总回 F2 点前 45m	8 煤底板砂岩	10	卧龙湖	
2013.5.31	Ⅱ21 底抽巷 6#钻场	8 煤顶板砂岩裂隙水	10	卧龙湖	
2006.8.26	应为南翼回风巷 H26 前 6.4m	六煤层顶板砂岩裂隙含水层	10	卧龙湖	
2009.2.28	西翼胶带机巷 P31	3 煤	10.58	钱营孜矿	
2013.2.23	7₁31 工作面机巷	7₁煤顶板砂岩	11	祁东矿	
2011.7.3	7₂40(上)北工作面	7₂煤顶板	11	任楼矿	
2007.06.13	-440 石门变电所 w5 前 34.5m		11.2	五沟矿	
1997.2.17	7₂22 机巷	7₂煤顶板砂岩	11.5	任楼矿	
2009.6.26	W3₂12 机巷 4#钻场	3 煤	11.58	钱营孜矿	
1999.5.21	6513 风巷	6 底	12	恒源矿	
1999.6.14	6513 风巷 F₁ 点前 20m	6 底	12	恒源矿	
1999.7.13	6513 风巷 F₉ 点前 23m	6 底	12	恒源矿	
2003.5.15	二水平轨道暗斜井 G8 前 78.3m	6 煤底	12	恒源矿	

续表

出水时间	出水位置	出水层位	出水量 (m³/h)	矿区	备注
2011.11.14	Ⅱ6117 工作面机巷	六煤层顶、底板	12	恒源矿	
2002.7.27	二采区运输石门	6 煤	12	祁东矿	
2013.8.13~ 2014.7.6	三采区上部车场 S11"四含"放水孔四周−383m	7_1 煤顶板	12	祁东矿	
2008.05.07	1013 工作面	底板砂岩水	12	五沟矿	
2010.2.28	1012 工作面	底板灰岩水	12	五沟矿	
1998.4.31	651 风巷 F_6-F_8 点	6 底	12.5	恒源矿	
2009.6.27	W3₂12 机巷 12#钻场	3 煤	12.58	钱营孜矿	
2009.7.23	W3₂12 机巷 12#钻场	3 煤	13.58	钱营孜矿	
2004.3.29	$7_1$24 工作面	7_1 煤	14	祁东矿	
2010.6.10	五区段底抽巷 Z8 点前 27m	细砂岩裂隙水	14	卧龙湖	
1996.7.3	445 机巷 7#点前 26m	4 煤顶及老塘	14.5	刘桥一矿	低风险
2009.11.4	W3₂13 风巷 F18 至 F22 测点	3 煤	14.58	钱营孜矿	
1997.7.3	44 采区 2#进风巷 L_5 点前 30m	4 顶	15	恒源矿	
1999.7.19	427 工作面机巷	4 底	15	恒源矿	
2004.4	Ⅱ614 机联巷 F_3 前 17.5m	6 煤顶	15	恒源矿	
2012.3.20	Ⅱ6112 工作面风巷 1#钻场	太原群灰岩含水层	15	恒源矿	
2012.3.30	Ⅱ6112 工作面风巷 1#钻场	太原群灰岩含水层	15	恒源矿	
2012.9.28	Ⅱ627 风联巷	6 煤顶	15	恒源矿	
2002.2.5	Ⅱ44 溜煤道口前 42m	4 煤顶	15	刘桥一矿	
2006.1.29	Ⅲ423 机巷 2#点前 16~20m	四煤顶板	15	刘桥一矿	
2006.9.15	六采区进风下山	四煤底板 35m	15	刘桥一矿	
2007.3.26	六采区进风下山	四煤层底板 35m	15	刘桥一矿	
2007.8.4 夜班	$7_3$10(N)工作面机巷老塘	7 煤老顶	15	任楼矿	
2012.8.12	$7_2$40(上)南工作面	7_2 煤顶板	15	任楼矿	

续表

出水时间	出水位置	出水层位	出水量 （m^3/h）	矿区	备注
2013.02.07	1025 工作面	"四含"水	15	五沟矿	
2009.11.5	W3₂12 工作面	3 煤	15.58	钱营孜矿	
2000.9.24	4413 工作面切眼	4 顶底	16	恒源矿	
2013.02.24	1025 工作面	"四含"水	16	五沟矿	
2009.12.19	H16 点至 H19 点前 32.3m	3 煤	16.58	钱营孜矿	
1994.8.8~ 1994.10.1	64 工作面	太灰	16.6	刘桥一矿	
2014.8.5	II 61 下 2 机巷 J21 点后 3~5m	6 煤底板	17	恒源矿	
2010.1.22	东一胶带机联络斜巷	3 煤	17.58	钱营孜矿	
2000.3.27~ 2001.4.5	II 422 风巷 9#点前 20m	4 煤顶	18	刘桥一矿	
2005.6.29	II 461 工作面机巷 4#点向里前 15~34m 段	4 煤顶板	18	刘桥一矿	低风险
2010.1.22	W3₂12 工作面及集运巷	3 煤	18.58	钱营孜矿	
2010.3.1	W3₂13 机巷 12#钻场 1#孔	3 煤	19.58	钱营孜矿	
2001.1.23	4213 工作面	4 煤顶	20	恒源矿	
1996.4.16	6511 下工作面风巷距 1#点 23m	老塘	20	刘桥一矿	
2008.4.26 夜班	7₃44(N) 工作面机巷老塘	7 煤老顶	20	任楼矿	
2010.12.27	7₂40(上)北工作面	7₂ 煤顶板	20	任楼矿	
2011.5.21	7₂40(上)北工作面	7₂ 煤顶板	20	任楼矿	
2012.7.10	7₂40(上)南工作面	7₂ 煤顶板	20	任楼矿	
2012.11.27	II 5₁12 集中回风巷	5 煤顶板	20	任楼矿	
1991.11.10~ 1993.9.30	二水平南翼副暗斜井	"七含"顶	20.2	刘桥一矿	
2010.3.4	W3₂13 机巷 12#钻场 3#孔	3 煤	20.58	钱营孜矿	

14

续表

出水时间	出水位置	出水层位	出水量（m³/h）	矿区	备注
2010.3.4	W3₂13 机巷 12#钻场 2#孔	3 煤	21.58	钱营孜矿	
2001.11.22	4414 工作面老空区	4 煤顶	22	恒源矿	
2010.3.9	W3₂13 风巷 SF'点 70m	3 煤	22.58	钱营孜矿	
2010.3.10	W3₂13 机巷 6#钻场 2#孔	3 煤	23.58	钱营孜矿	
2012.1.19	西风井井筒	基岩含水层	24.58	钱营孜矿	
2001.2.17	北翼轨道大巷 N31 点前 20~55m	断层面及 6 煤底板	25	恒源矿	
2008.3.20	Ⅱ617 工作面老空区	6 煤底	25	恒源矿	
2010.10.29	Ⅱ615 切眼	灰岩	25	恒源矿	
2013.1.23	Ⅱ5₁12 风巷 1#钻场	5 煤顶板	25	任楼矿	
2015.1.22 早班	Ⅱ5₁12 工作面	5₁煤顶板	25	任楼矿	
2009.6.15	1017 工作面	底板水	25	五沟矿	低风险
2012.2.28	W3₂11 风巷 7#钻场	3 煤	25.58	钱营孜矿	
2002.11.25	二水平运输暗斜井 Y16 点前 65.9m	6 煤顶	26	恒源矿	
2001.4.9	北翼运输机巷 Y15 点前 10m	孟口断层附近顶板砂岩	26.5	恒源矿	
2012.6.6	W3₂13 工作面密闭墙	3 煤	26.58	钱营孜矿	
2012.8.7	东一轨道大巷 G47 点	3 煤	27.58	钱营孜矿	
2007.2.14 夜班	Ⅱ7₂11 高抽巷	7 煤老顶	28	任楼矿	
2012.10.15	E3₂14 机联巷 JL4+33m	3 煤	28.58	钱营孜矿	
2013.3-5	西三采区轨道上山联巷口 A2		29.58	钱营孜矿	
2002.2.18	4413 工作面风巷端	4 煤顶	30	恒源矿	
1993.9.5~1995.5.10	二水平北翼主暗斜井	"七含"	30	刘桥一矿	

续表

出水时间	出水位置	出水层位	出水量 (m³/h)	矿区	备注
2004.8.17	$7_2$19 机巷 j_6 点前42.5m处老塘水	7_3 煤底板	30	任楼矿	
2004.9.14	$7_3$45 放水巷	$7_2$45 采空区	30	任楼矿	
2013.2.6	北风井运输联巷 N10 点 2013-3 钻孔	8 煤底板	30	任楼矿	
2013.3-5	西三采区轨道上山联巷口 A3		30.58	钱营孜矿	
2010.7.25	$7_1$21 工作面	7_1 煤	31	祁东矿	
2013.3-5	西三采区轨道上山联巷口 A4		31.58	钱营孜矿	
2009.11.24	$7_1$21 工作面	7_1 煤	32	祁东矿	
2003.9.9	$3_2$25 工作面	3_2 煤	32.4	祁东矿	
2013.3-5	西三采区轨道上山联巷口 A5		32.58	钱营孜矿	
2013.3-5	西三采区轨道上山联巷口 B1		33.58	钱营孜矿	
2013.3.3	西三轨道大巷 1#钻场 T1 孔	3 煤	34.58	钱营孜矿	低风险
1999.5.22	中央轨道石门	3_2 煤	35	祁东矿	
2013.3.4	西三轨道大巷 1#钻场 T2 孔	3 煤	35.58	钱营孜矿	
2001.3.18~ 2001.7.30	Ⅱ424 风巷 12#点前 32m	4 煤顶	36	刘桥一矿	
2013.3.9	西三轨道大巷 1#钻场 T2-1 孔	3 煤	36.58	钱营孜矿	
2012.5.13	$7_2$40(上)南工作面	7_2 煤顶板	37.5	任楼矿	
2013.3.24	西三轨道大巷 2#钻场 T3 孔	3 煤	37.58	钱营孜矿	
2004.10.14	$6_1$15 工作面	6_1 煤	38	祁东矿	
2013.3.26	西三轨道大巷 2#钻场 T4 孔	3 煤	38.58	钱营孜矿	
2013.3.28	西三轨道大巷 2#钻场 T4-1 孔	3 煤	39.58	钱营孜矿	
2012.2.2	Ⅱ6117 工作面风巷 5#钻场	太原群灰岩含水层	40	恒源矿	
2003.10.16	Ⅱ4210 机巷 3#点前 10m	4 煤顶	40	刘桥一矿	
2011.3.11~ 2013.12.11	8~9 煤胶带机上山(上段)	"四含"	40	祁东矿	

续表

出水时间	出水位置	出水层位	出水量 (m^3/h)	矿区	备注
2012.6.6	$7_2$40(上)南工作面	7_2 煤顶板	40	任楼矿	
2013.1.25	8101 风巷等水孔	6 煤顶板砂岩裂隙水	40	卧龙湖	
2012.10.21	1025 工作面	"四含"水	40	五沟矿	
2013.4.1	西三轨道大巷 2#钻场 T4-2 孔	3 煤	40.58	钱营孜矿	
2013.5.15	西三轨道大巷 3#钻场 T5 孔	3 煤	41.58	钱营孜矿	
2008.10.10	10 煤集中回风巷 Y13 点处	10 煤底板一至四灰灰岩出水	42.3	卧龙湖	
2013.5.17	西三轨道大巷 3#钻场 T6 孔	3 煤	42.58	钱营孜矿	
2013.6.12	459 老空区	4 煤层顶、底板	43	恒源矿	
2013.6.3	西三轨道大巷 3#钻场 T9 孔	3 煤	43.58	钱营孜矿	
1993.10.11~ 1995.6.30	二水平北翼副暗斜井	"七含"	44	刘桥一矿	低风险
2015.2.10	西三轨道上山 G14 点前 20m 附近	砂岩水	44.58	钱营孜矿	
2015.5.6	西三回风上山 H18 点前 45m 右帮底板	砂岩水	45.58	钱营孜矿	
2003.10.14	$6_1$14 工作面	6_1 煤	50	祁东矿	
1997.10.28	$7_2$24 风巷	7 煤顶板	50	任楼矿	
2011.5.28	Ⅱ628 工作面老空区	6 煤层顶、底板	53	恒源矿	
2009.9.9~ 2009.9.13	$6_1$30 工作面	6_1 煤	60	祁东矿	
2007.5.12 夜班	$7_3$10(N)工作面机巷老塘	7 煤老顶	60	任楼矿	
2009.12.22	Ⅱ$7_2$14 工作面机巷老塘	7 煤老顶	60	任楼矿	
2012.12.20	8101 风巷等水孔	6 煤顶板砂岩裂隙水	60	卧龙湖	

出水时间	出水位置	出水层位	出水量 (m³/h)	矿区	备注
2007.11.19夜班	7₂40(N)工作面机巷老塘	7煤老顶	70	任楼矿	
2001.12.27	4414工作面3号疏放水孔	4煤顶板砂岩	74	恒源矿	
2004.6.9	6₁14工作面	6₁煤	78	祁东矿	
2016.6.28	II666工作面	煤层底板	80	刘桥一矿	
2012.12.5	8101风巷等水孔	6煤顶板砂岩裂隙水	80	卧龙湖	
2013.1.10	8101风巷等水孔	6煤顶板砂岩裂隙水	80	卧龙湖	
2013.1.30	8101风巷等水孔	6煤顶板砂岩裂隙水	80	卧龙湖	
2009.5.4	7₁30工作面	顶板砂岩水、"四含"水	91	祁东矿	
2009.8.29	7₁30工作面	顶板砂岩水、"四含"水	92	祁东矿	
1995.7.22~ 1995.7.24	6511超前风巷1#点向里3m	老塘	99.4	刘桥一矿	中等风险
2015.12.28	II666机巷Z6钻场	煤层顶底板砂	100	刘桥一矿	
2012.11.26	8101风巷等水孔	6煤顶板砂岩裂隙水	100	卧龙湖	
2012.11.30	8101风巷等水孔	6煤顶板砂岩裂隙水	100	卧龙湖	
2008.8.19	II7₂10工作面机巷老塘	7煤老顶	110	任楼矿	
2002.7.8	4414工作面 老空区	4煤顶	112	恒源矿	
2003.8.10	六五变电所供水孔附近13m	太灰	121	恒源矿	
1993.3.8	西总回北翼12#点向外4.7m处	太灰	125	刘桥一矿	
1991.7.21~ 1992.5.6	二水平北翼副暗斜井车场	"六含"	132.4	刘桥一矿	
2001.1.28	4413工作面	4煤顶	137.5	恒源矿	
2014.9.30~ 2014.11.10	6₁63工作面	6₁煤顶板	150	祁东矿	
2002.4.3	4413工作面风巷端老空区	4煤顶	163	恒源矿	
1991.11.18~ 1993.8.20	二水平西总回130m处	"六含"	167.1	刘桥一矿	

续表

出水时间	出水位置	出水层位	出水量 (m^3/h)	矿区	备注
2004.7.29	$7_1$14 工作面	顶板砂岩水、"四含"水	169	祁东矿	
1992.7.15~ 1992.8.8	63 采区上口绞车房绕道	太灰	169.3	刘桥一矿	
2001.8.10~ 2004.4	Ⅱ623 工作面外段	6 煤底	210	刘桥一矿	
2001.8.31~ 2004.11	Ⅱ626 工作面机巷 13#点前 35m	6 煤底	210	刘桥一矿	中等风险
2002.9.22	$3_2$21 工作面	3_2 煤	238.5	祁东矿	
2009.6.7	$7_1$30 工作面	顶板砂岩水、"四含"水	260	祁东矿	
2001.10.7	4413 工作面 老空区	4 煤顶	310	恒源矿	
2002.1.13	4414 工作面距风巷 73m 处	4 煤顶	313	恒源矿	
2001.3.31~ 2004.11.29	Ⅱ623 工作面里段	6 煤底	365	刘桥一矿	
2012.9.17	8101 工作面：机巷 J20 点前 6.7m	基岩各含水层裂隙水	420	卧龙湖	
2009.6.29	$7_1$30 工作面	顶板砂岩水、"四含"水	850	祁东矿	高风险
2001.11.24	$3_2$22 综采工作面	"四含"水	1520	祁东矿	
1996.3.4	$7_2$22 工作面	奥灰水	34570	任楼矿	极高风险

　　根据皖北煤电集团公司下属各矿统计情况，各矿累计突水次数为 237 次。其中，小型突水次数 202 次，中型突水次数 32 次，大型突水次数 2 次，特大型突水次数 1 次。其中小型突水次数占总突水次数的 85.2%，中型突水占 13.5%；根据突水时的水源位置，在统计的各类突水事件中，顶板砂岩突水有 154 次，占比为 65%，底板砂岩突水有 33 次，占比为 13.9%，底

板灰岩突水有 15 次，占比为 6.3%，老空突水 8 次及断层突水等有 27 次，占比分别为 3.38% 和 11.39%。根据统计情况，皖北煤电集团公司各矿基本上以中小型顶板砂岩突水为主，老空突水和断层突水仍需警戒。

在低风险的突水事件中，顶板和底板砂岩含水层突水次数有 172 次，占低风险突水事件的 85.1%；底板灰岩水突水次数为 20 次，占低风险突水次数的 10%；断层突水、老空突水次数有 10 次，占 4.9%。低风险的突水中也以顶板和底板砂岩含水层为主，对于突水在 $10m^3/h$ 的事件中，主要为在掘进过程中存在着少量淋水的现象，突水在 $20 \sim 60m^3/h$ 的事件中，多为裂隙发育，岩性破碎，工作面回采后，砂岩裂隙水较富集，砂岩裂隙水沿采动裂隙渗出。

在中等风险的突水事件中，顶板和底板砂岩含水层突水次数有 22 次，占中等风险突水事件的 68.75%，底板灰岩水突水次数 7 次，占低风险突水次数的 21.88%；断层突水 2 次、老空突水 1 次，占比分别为 9.1% 和 4.5%。主要是因为回采范围影响区域存在一定的顶板砂岩裂隙水，主要为导水裂隙带直接波及的"四含"和顶板砂岩含水层突水或者是因为断层沟通顶板砂岩裂隙水而导致突水。

在高风险的突水事件中，全部为"四含"水突水，突水发生的原因是在工作面顶板发现有小断层出水，沟通"四含"水突入井下，瞬时突水量增大。

在极高风险的突水事件中，最主要的是陷落柱沟通奥灰水发生突水，由于奥灰水水压大，富水性强，一旦突水，将对矿井和相关工作人员的生命安全造成极大危害。

根据突水资料分析，顶板砂岩水突水次数较多，且大部分突水量为相对小~中等，但仍有突水量较大的危险事件发生，应加强该区域矿井水各相关指标的监测力度，实时更新监测数据，为矿井采取下一步措施提供依据。底板灰岩水突水次数相对较少，但突水危险性较高，应实时监控底板灰岩尤其是奥灰水的流场演化规律。老空水及断裂带突水次数较少，但不易查明，且地质构造条件差异性较大，所以仍存在较大的突水可能性，故加大探查力度，提高探查技术手段，尽可能探明矿井工作面周边的情况。

根据已有统计数据分析，受顶板和底板砂岩裂隙含水层因素的影响，造成矿井突水的大部分是小型突水，风险等级多为低风险，可初步判断，当有突水危险时，突水量一般小于 $60m^3/h$；受底板灰岩含水层的影响，造成矿井突水大部分为小~中型突水，风险为低风险及中等风险，可结合矿井实际监测情况，进一步判断突水强度为小型或者中型突水，当突水强度为小型突水时，突水量一般小于 $60m^3/h$，当为中型突水时突水量在 $60~600m^3/h$；受"四含"水的影响，易造成矿井大型突水，风险等级为高风险，初步判断，突水水量一般为 $600~1800m^3/h$；当受奥灰水突水时，造成矿井特大型突水，风险等级为极高风险，突水水量大于 $1800m^3/h$。以上初步判断还需要与实际监测值对比，综合考虑各个因素，并进行定量分析最终得出突水风险等级强度。

6.2 矿井突水水源的快速判别与定量构成估算

6.2.1 基本原理分析

判别矿井突水水源，就是要在分析矿区水文地质条件和构造条件的基础上，对水位、水温、水质分类等监测指标进行综合处理：

(1)建立特征指标库

矿井涌水的水质特征，尤其是其各主要离子的含量是对矿井水进行水源判别和定量构成分析的基础。采集各充水含水层(太灰、奥灰、"八含"、顶板和底板砂岩含水层)的不同取样点的水样，由于采样点地理位置和其他因素导致各采样点的指标值有一定误差，因此在进行模糊综合评判前，首先通过绘制 Piper 三线图，依据水样中的 Ca^{2+}、Mg^{2+}、$K^+ +$

Na^+、Cl^-、SO_4^{2-} 以及 $HCO_3^-+CO_3^{2-}$ 百分比含量来划分水质类型，把大量水质分析数据点绘在同一张图上，排除水样资料异常点。

然后通过聚类分析法，对水样进行分类，研究水样之间的关系，即将一个水样看作 p 维空间的一个点，并在空间定义距离，距离越近的点归为一类，距离较远的点归为不同的类。利用 SPSS 聚类分析，得到聚类分析普系图，进一步排除异常水样。

另外，结合水温和水压等监测数据，得到各主要出水含水层（"八含"、太灰、奥灰）的特征指标库。

（2）判别突水水源

对于矿井突水水源的判别，具有突水可能的含水层往往有多个，各含水层水质特征界限很不明显，具有一定的模糊性，很难根据单因素进行准确无误的判别，而模糊综合评判法能较好地解决这个问题。根据矿井含水层特征资料和巷道涌水的监测数据资料，建立二级模糊综合评判数学模型，来准确地判别矿井突水水源。

模糊综合评判工作主要有以下几个步骤：

首先，建立因素集 $U=\{K^++Na^+,\ Ca^{2+},\ Mg^{2+},\ Cl^-,\ SO_4^{2-},\ HCO_3^-\}$；

然后，建立评价集 $V=\{$灰岩水，砂岩水$\}$，两个含水层分别用 I 、II 来表示；

再建立权重向量 $A=\{a_1,\ a_2,\ \cdots,\ a_m\}$，确定权重的常用方法有超标加权法和偏标加权法，超标加权法倾向于正向偏离平均值较多的因素分配更大的权重；而偏标加权法不考虑正偏或负偏，采用绝对值的形式，向所有偏离平均值较多的因素分配更大的权重，本报告拟采用偏标加权法确定权重。

$$a_i=\frac{\dfrac{|S_i-U_i|}{U_i}}{\displaystyle\sum_{x=1}^{m}\frac{|S_x-U_x|}{U_x}} \qquad \left(U_i=\frac{U_{i1}+U_{i2}+U_{i3}}{3},\ U_x=\frac{U_{x1}+U_{x2}+U_{x3}}{3}\right)$$

$$(6-1)$$

式中：a_i 为水样第 i 个评价因素的权重，$S_{ij}(S_{xj})$ 为水样第 $i(x)$ 个因素的实测值，U_{i1}、U_{i2}、$U_{i3}(U_{x1}$、U_{x2}、$U_{x3})$ 分别为第 $i(x)$ 个评价因子在各含水层的标准值，$U_i(Ux)$ 为所有含水层第 $i(x)$ 个评价因素的平均值，m 为评价因素的个数（$m=6$，$1\leqslant i$，$x\leqslant m$）。

（3）突水水源的精准判别

元素守恒是质量守恒定律的变式，即在反应前后某一元素的质量（或物质的量）保持不变。元素在水溶液中的状态可以是离子、分子、单质或化合物等多种形式，若某一元素在发生化学反应前后都是以离子的形式存在，那么反应前后的离子含量必然相等。水化学离子成分守恒是元素守恒的延伸。

根据混合溶液各离子组分含量不变的原理，多种水源的水经过混合形成矿井水后，元素组分与含量是不变的。但 Ca^{2+}、Mg^{2+} 和 $HCO_3^- + CO_3^{2-}$ 的含量易受其他离子含量或 pH 值的影响而发生变化，而 $K^+ + Na^+$、Cl^- 组分含量受其他离子的影响较小，可近似地认为混合溶液离子含量保持不变。

综上，可以利用离子守恒原理，采用 Cl^- 组合计算各充水水源（太灰水、砂岩水）在矿井涌水中的占比。

6.2.2 判别过程与结果分析

（1）主要充水水源的水质特征

利用水化学特征识别充水水源是一种简便有效的方法，地下水中分布最广的离子有 HCO_3^-、SO_4^{2-}、Cl^-、K^+、Na^+、Ca^{2+}、Mg^{2+} 七种，这七种离子在很大程度上决定了地下水化学的基本特性。此外，矿化度、pH 值也能较好地反映地下水水化学特征，是判别矿井充水水源常用的指标。不同的水源有不同的水质，不同的水文地质条件，有不同的水质动态，地下水在运动过程中受到不同水源补给，与不同围岩相互作用均可能导致地下水的组分发生变化。因此，通过常规的水化学特征法判别充水水源需掌握大量的水样数据，且对水样的取样地点、取样层位、取样标高以及取样点有无或是否接近其他层位的补给水源等实际情况有所记录，最终选用的数据能够切实反映某含水层水质，能够代表某一区域水化学特征的普遍规律。

Piper 三线图反映了主要阴、阳离子成分在阴、阳离子总量中的比重情况，将数据以"点"标识在图中，可以更为直观地看出数据点的位置关系，进而判别出数据之间的亲疏关系。水化学特征结合数理统计识别充水水源方法是通过绘制 Piper 三线图揭示矿区不同地下水含水层的水化学特征，可正确判断出矿区突水水源。根据恒源煤矿以往矿井水文地质监测资料，收集历年水质统计情况，通过采集各充水含水层的不同取样点的水样，并进行水质分析，得到各含水层及矿井水的特征资料。根据之前所做研究，矿区不同地下水含水层的水化学特征在理论上会有所差异，但是在采集过程中，为了保证所取水样具有代表性和真实性，需要在各个含水层不同位置获取多个水质参数。原始资料中砂岩水、灰岩水及混合水均有多个采样点，采样点地理位置和其他因素导致各采样点的指标值有一定误差，在进行模糊综合评判前，首先通过绘制 Piper 三线图和聚类分析法排除水样资料异常点。根据所收集的资料(见表6-2)，将所有相关水质资料分析汇总，从而绘制 Piper 三线图(见图6-1)。

表6-2　　　　　　　　**恒源矿 II633 工作面水质综合分析成果表**　　　　单位：mg/L

取样编号	离子分析						矿化度/(mg/L)	pH 值	全硬度	水质类型
	阳离子			阴离子						
	$K^+ + Na^+$	Ca^{2+}	Mg^{2+}	Cl^-	SO_4^{2-}	HCO_3^-				
1	578.60	46.89	34.00	107.79	833.20	603.83	2204.31	7.91	14.41	砂岩水
2	822.73	14.34	3.52	191.28	1202.14	386.62	2620.63	7.90	2.82	砂岩水
3	894.71	15.47	2.25	199.84	1385.07	308.67	2815.21	8.16	2.68	砂岩水

取样编号	离子分析						矿化度/（mg/L）	pH 值	全硬度	水质类型
	阳离子			阴离子						
	$K^+ + Na^+$	Ca^{2+}	Mg^{2+}	Cl^-	SO_4^{2-}	HCO_3^-				
4	883.51	50.11	24.03	148.85	1542.52	327.38	3012.19	8.12	12.56	砂岩水
5	982.60	63.15	10.36	180.33	1577.64	535.24	3349.33	7.79	11.23	砂岩水
6	1320.32	27.07	11.53	114.64	2518.51	244.23	4236.31	7.90	6.45	砂岩水
7	1101.68	18.37	5.08	152.27	1912.62	310.75	3500.78	7.89	3.74	砂岩水
8	1005.18	17.88	6.74	111.20	1701.91	358.56	3221.93	8.26	4.06	砂岩水
9	1128.90	21.75	5.28	129.69	1840.45	524.84	3650.91	7.91	4.26	砂岩水
10	1008.31	15.63	2.05	174.85	1504.32	519.65	3224.81	7.96	2.66	砂岩水
11	1270.51	23.04	8.40	131.06	2349.87	270.22	4053.09	7.90	5.16	砂岩水
12	992.92	19.99	37.24	114.98	1654.49	580.96	3400.58	7.89	11.39	砂岩水
13	1076.89	19.18	5.08	165.96	1610.47	607.99	3485.57	7.90	3.86	砂岩水
14	995.68	21.44	9.48	226.19	1494.25	465.61	3212.65	7.88	5.19	砂岩水
15	418.67	140.18	189.05	138.93	1653.67	145.50	2686.00	7.82	63.24	灰岩水
16	256.85	8.54	321.44	135.17	1540.98	129.91	2392.89	7.82	75.37	灰岩水
17	572.25	64.05	113.58	121.48	1435.62	249.43	2556.41	7.85	35.17	混合水
18	665.70	12.08	108.45	117.03	1451.06	301.39	2655.71	7.85	26.71	混合水
19	449.25	58.00	155.79	242.61	1209.67	195.39	2310.70	7.89	44.06	混合水
20	332.02	6.61	148.41	100.95	941.64	275.41	1805.05	7.82	35.17	混合水

　　从图 6-1 可以看出，矿井水位于两种水源的水样点群之间，证实了矿井水是两个水源的叠加。根据不同水源的点群集散程度剔除水样异样点，将同一含水层各水样的平均值作为该含水层某项水质指标的特征值，结果如表 6-3 所示。

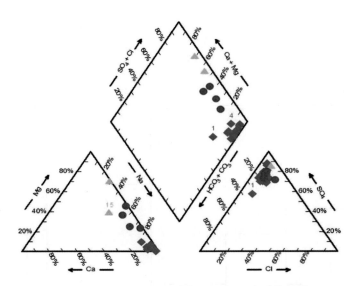

图 6-1 Piper 水质分析图

表 6-3   矿井水与各水源特征离子含量   单位：mg/L

含水层	$K^+ + Na^+$	Ca^{2+}	Mg^{2+}	Cl^-	SO_4^{2-}	HCO_3^-
砂岩水	1037.23	25.19	10.08	157.01	1714.94	418.52
灰岩水	337.76	74.36	255.25	137.05	1597.33	137.71
混合水	504.81	35.19	131.56	145.52	1259.50	255.41

    聚类分析是采用数学定量手段确定聚类对象间的亲属关系并进行分型化类的一种多元分析方法。其将水体质量的几个级别认定为相应类别，按此类别对水域中各个水质监测点所获得的水质特征进行类属分析归纳，最终得到这些水质监测点处的水体质量级别类属，从而达到评价目的。系统聚类分析是将相似程度高的水样归类分群，通过已知水样的水质、水源特性识别待判水样水源类型的方法。聚类分析又称群分析，它是研究(样品或指标)分类问题的一种多元统计方法，为了对水样进行分类，就需要研究水样之间关系。将一个水样看作 p 维空间的一个点，并在空

间定义距离，距离越近的点归为一类，距离较远的点归为不同的类。利用 SPSS 聚类分析，得到最后结果（见图 6-2）。

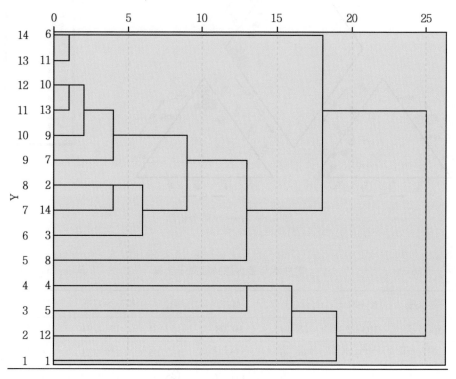

图 6-2　砂岩水聚类分析图

（2）偏标加权法模糊综合评判

实际上，对一个因素的评价要涉及多个因素和多个指标，评价是在多个因素相互作用下的综合结果。引入新的数学方法，可做出令人满意的符合客观实际的综合评价，而模糊综合评判是应用广泛的一种模糊数学方法。模糊综合评判要处理的主要问题是：对每一个对象赋予一个实数值作为评判指标，使得综合评判指标的大小能反映全面评价的高低。模糊综合评判已经成为模糊数学理论中常用的方法之一，在许多方面得到了具体的应用，超标加权法则是考虑水质与模糊综合评价在水质分析中的理论方法。超标加权法是以水体标准水质为基准，用水体各项指标的实测值与水体水质标准的比值来表示各指标的权重，水质指标超标越严重，则该指标分配的权重越大。偏标加权则是在超标加权的基础上进一步改进，从而获得更精确的权重。偏标加权法确定矿井水样各评价因素的权重见表 6-4。

表 6-4   评价因素权重

评价因素	Ca^{2+}	Mg^{2+}	K^++Na^+	HCO_3^-	SO_4^{2-}	Cl^-
权重	0.082	0.103	0.104	0.015	0.276	0.421

隶属度的确定采用专家推理法，采用梯形模糊分布的隶属度函数类型，不受离子种类限制，适用于不同环境下的矿井。下面以 K^++Na^+ 为例进行隶属函数的分析计算。

$$r_1 = \begin{cases} 0 & (x \leqslant 337.76) \\ \dfrac{x-337.76}{1037.23-333.76} & (337.76 < x < 1037.23) \\ 1 & (x > 1037.23) \end{cases} \quad (6-2)$$

$$r_2 = \begin{cases} 1 & (x \leqslant 337.76) \\ \dfrac{1037.23-x}{1037.23-333.76} & (337.76 < x < 1037.23) \\ 0 & (x > 1037.23) \end{cases} \quad (6-3)$$

式中：$r_1(x)$、$r_2(x)$ 分别为 K^++Na^+ 对各个含水层的隶属函数。计算的 K^++Na^+ 作为一种影响因素的评判结果为 $R_{Na+K^+}^+ = (0.239, 0.761)$。

同理，分别计算出 Ca^{2+}、Mg^{2+}、HCO_3^-、SO_4^{2-}、Cl^- 作为影响因素的评判结果，进而得出模糊评价矩阵 **R**。

$$R = \begin{bmatrix} 0.203 & 0.797 \\ 0.495 & 0.505 \\ 0.239 & 0.761 \\ 0.424 & 0.576 \\ 0 & 1 \\ 0.419 & 0.581 \end{bmatrix}$$

利用偏标加权法对矿井水样的评价结果计算为：

$$B = AR = (0.275, 0.725)$$

偏标加权法模糊判别可以很好地处理水环境中的不确定问题以及随机的各因素，因此可以用于对矿井水主要水源的判断。由偏标加权法确定权重，由最大隶属度原则可以看出，确定恒源煤矿矿井水主要充水水源是底板灰岩水。

(3)离子守恒原理评判

根据混合溶液各离子组分含量不变原理，两种水源的水经过混合形成矿井水后，元素组分与含量是不变的。但 Ca^{2+}、Mg^{2+} 和 $HCO_3^- + CO_3^{2-}$ 的含量易受其他离子含量或 pH 值的影响而发生变化，而 $K^+ + Na^+$、Cl^- 组分含量受其他离子的影响较小，可近似地认为混合溶液离子含量保持不变。

分别假设矿井水中各水源所占比例(灰岩水占 x、砂岩水占 y)，根据不同离子的指标可列出不同的方程。

考虑到地下水在运移过程中常常伴随着溶滤作用、浓缩作用及阳离子交替吸附作用等，针对用来分析比例构成的三种离子而言，则主要考虑到地下水阳离子交替吸附作用。由于阳离子交替吸附可能导致 Ca^{2+}、Mg^{2+} 等离子对岩土的吸附能力大于 K^+、Na^+，在地下水运移过程中，极有可能导致水中 Ca^{2+}、Mg^{2+} 含量减少而 K^+、Na^+ 含量增多，对分析结果产生影响，因此采用 Cl^- 和 SO_4^{2-} 组合计算各充实水源在矿井涌水中的占比，方程如下：

$$\begin{bmatrix} 157.01 & 137.05 \\ 1 & 1 \end{bmatrix} \begin{bmatrix} x \\ y \end{bmatrix} = \begin{bmatrix} 145.52 \\ 1 \end{bmatrix}$$

通过求解得出矿井水中灰岩水、砂岩水的各自比例分别是 57.6% 和 42.4%，该结果与偏标加权法模糊综合评判方法得到的结果相同，证明了本研究方法的适用性。另外，结合恒源煤矿多年的开采经验进行进一步的证实，在后续的矿井生产中，重点关注占比例较大的含水层，采用更加安全、严格的开采手段，在相关含水层进行更大力度的监测或者进行可靠有效的底板改造以及疏水降压，为矿井安全生产提供保障。

6.3 本章小结

(1)开展了研究区突水强度类型预测及风险级别评估

统计了皖北各煤矿的历史突水情况，结合《煤矿防治水细则》，将突水风险分为低风险、中等风险、高风险、极高风险。得出皖北煤电公司下属各矿突水情况，从突水类型来看，绝大部分为小型突水；从突水时的水源位置来看，大部分突水为顶板砂岩裂隙水；从风险等级来看，每个等级中顶板砂岩裂隙突水次数最多，砂岩裂隙水有大突水的可能；灰岩水突水风险程度一般为低风险，若存在奥灰水突水时，为极高风险。

(2)提出了矿井突水水源的快速判别与定量构成评价方法

根据研究思路，首先建立特征指标库，通过绘制 Piper 三线图，排除水样资料异常点，再通过聚类分析法，对水样进行分类，利用偏标加权法确定突水水源。然后利用偏标加权法进行模糊综合评判得到了各离子评价因素权重，最终计算出了模糊评价矩阵。根据离子守恒原理，采用 Cl^- 组合可准确判别充水水源在矿井涌水中的占比。

第7章
矿井突水监测指标参数采集技术

7.1 传感器及设备选型

根据研究区现有的突水指标监测体系，并结合最新研究情况，多元信息监测系统主要由水位水温传感器、光纤监测系统等组成。其中，光纤监测系统主要包括光纤光栅位移传感器、光纤光栅应变传感器、光纤光栅渗压传感器和光纤光栅温度传感器等，多种传感器的综合应用实现了多元信息的并行实时采集。

7.1.1 各类传感器

多参数水质传感器 WMP6 是一款可同步检测水质多项指标的集成式传感器，标配为 6 种参数：pH 值、水深(水位)、温度、电导率、溶解氧(DO)、氧化还原电位(ORP)；还可测常用离子(Cl^-、Ca^{2+}/Mg^{2+}、K^+、Cu^{2+}、Na^+)，适合地下水、工业用水等多种水体的长期监测分析。WMP6 多参数水质传感器具有 USB 或 RS485 接口，可与计算机、数据采集器(数采仪)、PLC 控制系统等连接使用，传感器开启后将按一定时间频率自动采集分析数据并向外输送；如果与原厂 TMF 系列的数采仪配套使用，可通过 GSM、GPRS、UMTS、卫星系统、有线/无线等方式进行数据通信。WMP6 的校准过程简单快速，可通过运行软件设置完成，校准周期最长为一年。设备的传感器部位无需特殊维护，保持表面清洁将有助于检测结果的精准性。表 7-1 所示为各监测指标采集体系。

表 7-1　　　　　　　　　　　监测指标采集体系

参数	里程	分辨率
pH	0~14	0.001
水深(水位)	0~20m/0~50m(可选)	0.01m
温度	−5~60℃	0.01℃
电导率	0~6000μS/0~60000μS(可选)	1μS
溶解氧(DO)	0~20mg/L(ppm)，200%	0.01ppm 或 0.01%
氧化还原电位(ORP)	±1100mV	0.1mV
浊度	0~4000NTU	0.5NTU

离子电极选择：

NH_4^+(氨氮)，NO_3^-(硝氮)，Cl^-(氯化物)，

NH_3，CO_2，Ag^+/S^{2-}，Br^-，Cd^{2+}，Ca^{2+}，CN^-，BF_4^-，Ca^{2+}/Mg^{2+}，F^-，I^-，Li^+，NO_X，ClO_4^-，Pb^{2+}，K^+，Cu^{2+}，Na^+，X^+，X^-

7.1.2　光纤监测系统

光纤监测系统是基于光纤传感技术建立的，主要由光纤光栅渗压传感器、光纤光栅位移传感器、光纤光栅应力传感器以及解调仪和数据自动采集系统组成，可用于流固耦合模型试验中渗压、位移、应力和温度等信息的实时监测和并行采集。

光纤布拉格光栅以光波为载体，光纤为媒质，具有以下优点：可靠性好、抗干扰能力强；量测精度高；长距离监测，测点多，测量范围广；

抗电磁干扰、抗腐蚀、可在恶劣环境下工作等，在煤矿、巷道等工程结构中能获得较好应用。试验中的解调仪采用的是美国 MOI 公司生产的四通道光纤光栅解调仪 sm-125，数据自动采集软件具有数据采集、峰值波长检测、中心波长和被测物理量的实时显示以及趋势预测、自动报警、数据存储和历史数据查询等功能，传感器性能指标见表 7-2。四通道光纤光栅解调仪 sm-125 的特点如下：解调精度高；4 个通道，大功率扫描激光光源；外型小巧，使用灵活，适合于张力、温度和压力等多种测量；所有通道的全部传感器的扫描频率是 1~10Hz；优秀的热稳定性及长期稳定性；内置单板机，彩色显示；标准以太网接口使数据通信容易，便于TCP/IP 远程控制；可选无线接口卡及无线监测 PDA；可选蓄电池为解调器供电；内置绝对波长参考，不需要外部波长校准。

表 7-2　　　　　　　　　　　　光纤光栅传感器性能指标

	光纤应变传感器	光纤渗压传感器	光纤位移传感器
量程	$-4000\mu\varepsilon\sim+4000\mu\varepsilon$	$0\sim100\mathrm{kPa}$	$-3\mathrm{mm}\sim+5\mathrm{mm}$
分辨率	$\pm1\mu\varepsilon$	$\pm20\mathrm{Pa}$	$\pm1\mu\mathrm{m}$
测量误差	$<5\mu\varepsilon$	$<1\mathrm{kPa}$	$<10\mu\mathrm{m}$
光纤长度	2m(单模光纤)	2m(单模光纤)	2m(单模光纤)
接口方式	标准 FC 接口	标准 FC 接口	标准 FC 接口
外观尺寸	30×30×30mm	$\phi25\times50\mathrm{mm}$	$\phi30\times60\mathrm{mm}$

7.1.3　微震电磁监测系统

1) 微震电磁耦合技术原理及系统框架

微震电磁耦合监测技术是通过观测分析生产活动过程当中所产生的微小地震及因地震造成含水体产生变化时而产生电磁脉冲信号的事件来

监测生产活动的影响、效果及地下状态的地球物理技术，通过在采动区的顶板和底板内布置多组检波器并且实时采集微震与电磁数据，经过数据处理后，采用震动定位的原理和各种计算的方法，可确定破裂发生的位置，即震源的空间位置，并在三维空间中显示出来。而微震对含水体的影响程度与产生的电磁信号的大小有关。因此，监测电磁信号可以分析判定突水水害有直接相关关系。在借鉴已有微震和电磁监测技术成果的基础上，以恒源煤矿的隔含水层为研究对象，通过理论分析、现场微震电磁耦合的监测与工程实践相结合的方法对煤矿水害进行研究(见图7-1)。

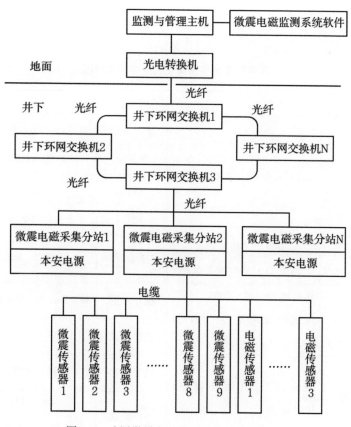

图 7-1 矿用微震电磁监测系统结构框架图

2)设备硬件选型

矿用微震电磁采集分站总功耗小于 10W，采用本安型 127V 转 12V 直流电源供电，采集分站内嵌自动可充电电池，在断电时可实现无间隙电池供电执行监测，电池可连续工作 6h 以上。震动加速度传感器和电磁传感器的频带覆盖了声发射、微震、矿震及地音各阶段的振动和电磁辐射信号，可以实现声发射监测、冲击地压监测、地音监测及相应的电磁辐射监测。

(1)矿用微震电磁采集主机

采用基于嵌入式有 12 通道 A/D 转换的 ARM 计算机而设计(见表 7-3)，通过本安信号隔离模块远端对矿用微震电磁检波器实现实时、连续数据采集(见图 7-2)。

表 7-3　　　　　　　　矿用微震电磁采集主机主要技术指标

基本参数		主　　机	
外形尺寸	记录单元箱 22cm×16cm×12cm	主机类型	单片机
		处理器	DSP 数据处理 1.2GHz
		内存	256MB
		硬盘	16GB
重量	记录单元箱 5.0kg 本安型 12V 电源 3.0kg	显示器	3.0″ TFT，600×200dpi
电源	外接电源 127~250V 交流，内置可充电电池，12V 直流，12.0Ah	操作系统	Windows XP 专业版(中文)
		连接方式	光纤
防护标准	设备箱关闭(运输/存放)IP67 防水	机身材料	不锈钢机身(IP54)
		工作温度	0℃~+50℃，相对湿度 30%~80%

续表

记录单元		操作和分析软件技术参数	
接收器端口	12	数据采集	采样间隔:31.25μs、62.5μs, 125μs、250μs;记录长度:最小 451.1ms,最大 1808.5ms
记录道数	9 道地震信号,3 道电磁信号		
采样间隔	31.25μs、62.5μs、125μs、250μs	微震数据处理	道数:1~9 处理流程: • 数据长度设置 • 带通滤波 • 初至拾取 • 拾取处理 • P、S 波分离 • 速度分析 • 微震数据定位
记录带宽	10000Hz,5000Hz		
模数转换	24 位		
记录长度	2048 样点		
最大输入信号	±10Vpp		
动态范围	120dB		
微震灵敏度	1000mV/g±5%		
频率范围	0.5~15000Hz		
响应频率	20kHz		
横向灵敏度	>1%		
工作温度	0℃~+65℃		

磁传感器参数

参数	主 要 指 标
测量范围	$\pm 9.5 \times 10^4$nT
带宽	DC~100Hz
噪声	典型值:5nT
漂移	≤1nT/h(常温条件下)
数据更新率	1~50Hz
非线性度	≤0.1%
功耗电流	典型值:35mA
尺寸	30mm×30mm×103mm

图 7-2 矿用微震电磁采集分站图

(2)微震加速度传感器

监测方案采用了宽频高灵敏微震加速度传感器，其金属零部件采用了无磁或弱磁的材料，目的是降低传感器磁灵敏度；另外采用双层屏蔽壳结构更好地防止磁场对输出电信号的干扰。

(3)电磁场传感器

电磁场传感器可进行电气隔离式高度灵敏精密直流和交流磁场测量。其器件是具有内部补偿线圈的集成式电磁传感器，支持±2mT 的高精度感测范围，测量带宽最高可达 5kHz，具有低失调、低失调漂移及低传感器噪声的特性，且内部补偿线圈具有精确增益、低增益漂移和极低的非线性(见表 7-4)。

表 7-4 　　　　　　　　　　　电磁场传感器主要技术指标

失调电压	±8μT(最大值)	可选带宽	5kHz 或 2kHz
失调漂移	±5nT/℃ (典型值)	引脚可选电压	2.5V 或 1.65V

续表

增益误差	0.04%（典型值）	可选比率计模式	VDD/2
增益漂移	±7ppm/℃（典型值）	供电电压范围	3.0V 至 5.5V
线性	±0.1%	精确度	2%（最大值），漂移：50ppm/℃（最大值）
噪声	1.5nT/Hz（典型值）	传感器范围	±2mT（最大值）

3）软件系统

采用 C/S 结构进行系统设计，通过实时远程通信接口获取现场监控设备采集的数据，存储并进行数据分析从而实现事件的时空定位和震源机制解释。系统的体系模块分为：决策应用层、功能管理层、数据接口层、DB 层四个模块，如图 7-3 所示。

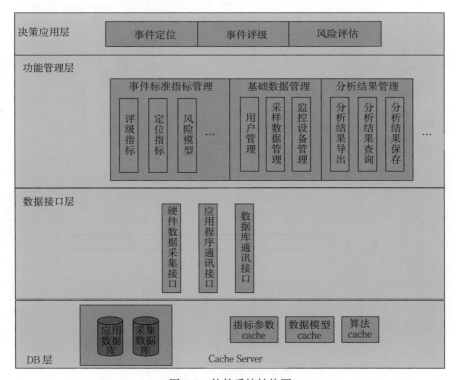

图 7-3　软件系统结构图

7.2　矿井突水实时监测方案

　　监测指标采集体系由地面中心站、井下分站或井下环网、信号传输电缆和传感器等硬件以及相应应用软件组成。地面中心站由计算机及相应软件处理系统组成，井下分站由信号传输电缆、传感器和解调器等硬件放置于井下。在采集每个指标相关参数时，整体的流程是：井下传感器识别、采集到相关指标的信号，将信号传输到解调器，经过解调器处理，把各种不同的信号识别为统一信号，上传到井下环网或井下分站，借助井下环网或分站，将数据传入地面中心站(见图 7-4)。在整个流程中，传感器的布设主要分为三种：集中布设、分散布设、在工作面巷道布设。

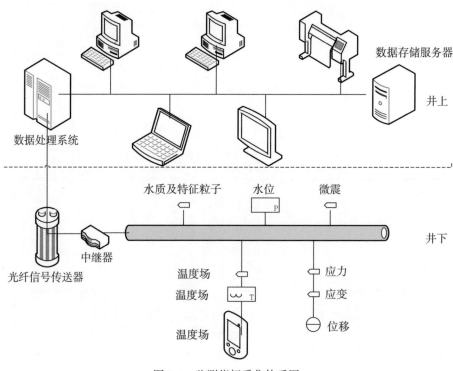

图 7-4　监测指标采集体系图

7.2.1 集中布设

在监测指标采集中，集中采集的指标有水量、水温、pH 值、硬度、TDS、氧化-还原电位。采集这些指标时，流量计、水质传感器与水温传感器共同布设于上下巷道排水沟处，并且在布置点加入防爆等保护装置（见图 7-5）。集中布设有利于水温及水化学指标的高效采集。

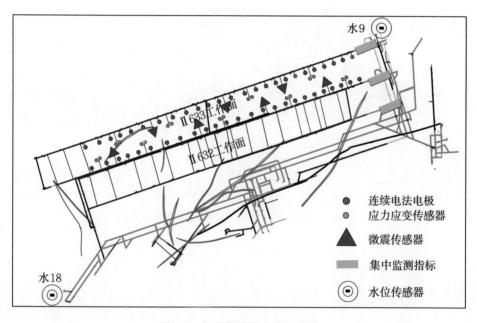

图 7-5 部分传感器布设示意图

7.2.2 分散布设

在监测指标采集中，需要单独并分散布设传感器采集的指标有水压（水位）。为保证准确、经济采集，利用原有钻孔，将水压或水位传感器布设于太灰、"三含"以及奥灰长观孔中，如图7-6所示。在Ⅱ633工作面周围，存在水11(奥灰长观孔)、水5(太灰长观孔)、水7、水4等多个已有钻孔，在这些孔中布设传感器，可以起到大范围监测效果，对于预警有重要意义。

图 7-6　分散布设(蓝色为水质，红色为水位)

7.2.3　随巷布设

在监测指标采集过程中，需要在工作面巷道布设传感器采集的指标有微震、视电阻率、应力、应变、岩温。将光纤光栅传感器布设于工作面底板中，根据Ⅱ633工作面情况，以一定间隔布设连续电法电极、微震和电磁电极以及应力应变传感器，监测Ⅱ633工作面附近的视电阻率及应力变化(见图7-7)。

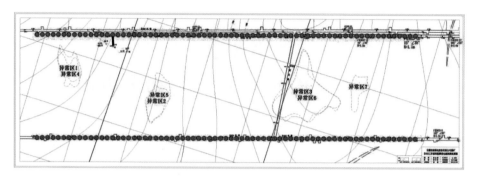

图 7-7 传感器随巷布设监测方案

7.3 本章小结

本章节主要是对煤矿井下各指标数据采集体系进行分析研究，结合矿上已有的监测设备，在确定的有效性指标的情况下，在现有监测体系的基础上提出了其他可用指标的监测设备及布设方案。

①针对皖北矿区现有监测设备及手段，设计并提出了若干可测指标传感器的选型及布设方案。

②根据恒源煤矿已有监测体系，调查最新研究情况，提出了多元信息检测系统的主要设计，包括水位、水温传感器，光纤监测系统以及微震电磁监测系统等。详细了解现有监测设备及手段，增加可测指标传感器的选型及布设。

③设计并提出了综合监测指标采集体系，主要由地面中心站、井下分站或井下环网、信号传输电缆和传感器等硬件以及相应应用软件组成。地面中心站由计算机及相应软件处理系统组成，井下分站由信号传输电缆、传感器和解调器等硬件放置于井下。综合分析各指标传感器特点及性质，将各传感器分为三种布设方式：集中布设、单独布设、在工作面随巷布设。

第8章
工作面实时突水监测的初步应用

通过前述章节的基础理论研究，构建了矿井突水的监测指标体系，建立了矿井突水预警的单因素、多因素指标体系与预警模型，提出了各个指标异常时的判别准则和分级预警标准，并针对皖北矿区现有监测设备及手段，于2018年6月设计并提出了典型煤矿若干可测指标传感器的选型及布设方案。随后，根据现场实际情况，结合恒源煤矿Ⅱ633、Ⅱ634工作面对各监测指标现场可测性、有效性的初步实施应用。

8.1 恒源煤矿现场监测应用

8.1.1 监测应用工作面概况

（1）Ⅱ633工作面概况

Ⅱ633工作面位于恒源矿Ⅱ63采区中上部，为Ⅱ63采区准备的第二个工作面。工作面东部（收作线外侧）为Ⅱ63采区的三条主要下山（轨道、运输、回风），其外侧靠近采区边界断层-孟口逆断层（∠28°～35°H＝0～75m），工作面整体位于孟口逆断层的下盘；南部为Ⅱ632工作面采空区；西部切眼外侧为恒源煤矿和河南新庄煤矿的矿井边界线；北部为尚未布置采掘工程的Ⅱ634工作面。Ⅱ633工作面设计为综采工作面，总体上属近走向长壁式布置，工作面走向长2015m（至收作线），倾斜宽182m；地

质储量 $153.6 \times 10^4 \mathrm{t}$，可采储量 $145.9 \times 10^4 \mathrm{t}$。

Ⅱ633 工作面上覆含水层为 6 煤顶底板砂岩裂隙水（"八含"），该含水层是工作面回采的主要充水水源，以静储量为主。因Ⅱ633 工作面为温庄向斜轴部区域，且中小型断层发育密集，地质及水文地质条件复杂，结合目前Ⅱ632 工作面老塘出水情况，"八含"含水量丰富，短期内不易疏干。工作面下伏含水层为 6 煤底板太灰含水层，水害威胁较大，未实施地面顺三灰层位底板注浆加固之前，工作面里段底板承受灰岩水压为 $4.03 \sim 4.42 \mathrm{MPa}$（计算至一灰顶，47.8m），突水系数为 $0.084 \sim 0.092 \mathrm{MPa/m}$。地面顺层孔注浆改造后，六煤底板至三灰底板可作为完整岩层，可视为有效隔水层，突水系数为 $0.064 \sim 0.079 \mathrm{MPa/m}$。

Ⅱ633 工作面位于Ⅱ632 工作面下段，紧邻Ⅱ632 工作面，设计工作面走向长 2040m，倾斜宽 180m，机巷最低点标高为 -768.9m。该工作面中段横跨温庄向斜，与Ⅱ632 工作面地质及水文地质条件相似，面临带压开采和突水系数超限的底板灰岩水害问题。

针对Ⅱ633 工作面中段温庄向斜核部及两翼局部范围实施了地面注浆工程，注浆层位为 6 煤底板三灰含水层，其依据主要为：一灰至四灰段，三灰富水性最强，井下钻孔揭露时出水量大（最大达 $180 \mathrm{m}^3/\mathrm{h}$），分析认为三灰裂隙发育，可注性强；三灰层厚薄，平均为 5m，相对四灰均厚 10m，利于治理，节约成本。

注浆过程中，治理区域内三灰含水层裂隙发育程度较低且相对均一，向斜核部裂隙较四周相对发育，治理后各钻孔实测水位埋深均大于 200m，表现为太灰正常水位，治理区域内太灰与奥灰基本无水力联系。

在注浆过程中，采用微震与电磁耦合监测对工作面进行实时监测（见图 8-1）。微震表明，对注浆期间各个阶段内含水层微震事件空间分布情况做平面投影分析，含水层垂向不同层段微震事件平面密集发育带指示该层段（深度段）水泥浆液扩散路径、范围及含水层岩溶裂隙网络情况，结束期微震分布位置指示突水口位置；根据微震事件在剖面上的发育情况，剖面中微震密集发育带指示地下水垂向导水通道位置；微震事件发生的时间顺序指示过水通道扩充及浆液扩散过程。

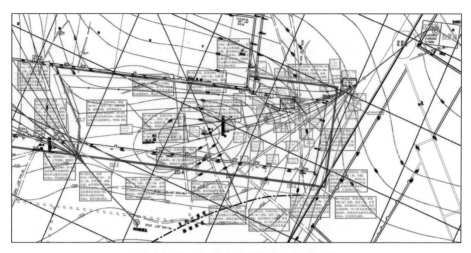

图 8-1　Ⅱ633 工作面底板注浆工程示意图

（2）Ⅱ634 工作面概况

Ⅱ634 工作面位于恒源煤矿Ⅱ63 采区中部，工作面东部（收作线外侧）为Ⅱ63 采区的三条主要下山（轨道、运输、回风），其外侧靠近采区边界断层——孟口逆断层（∠28°~35°H=0~75m），工作面整体处在孟口逆断层的下盘；南部为Ⅱ633 工作面采空区；西部距孟 1 断层 160m；北部为正在掘进的Ⅱ635 工作面。Ⅱ634 工作面设计为综采工作面，总体上属近走向长壁式布置，工作面走向长 1648~1664m（至收作线），倾斜宽173m；机巷标高−693.7~−711.9m，风巷标高−659.7~−746.8m，切眼标高−711.9~−746.8m。地质储量 146.1 万 t，可采储量 138.8 万 t。

从相邻Ⅱ63 采区采掘活动情况及首采面Ⅱ632 及相邻Ⅱ633 工作面掘进情况分析，Ⅱ634 工作面机巷掘进过程中无老空水威胁，有少量顶板淋水，因此掘进过程中存在的水害影响主要有 6 煤顶底板砂岩裂隙水（"八含"）、底板灰岩水。

砂岩裂隙水储存在煤层顶板和底板砂岩裂隙中，其赋水程度取决于裂隙的发育程度和砂岩含水层的厚度。Ⅱ63采区为我矿新开拓采区，区内采掘活动较少，目前只掘进施工了采区轨道、回风、运输三条下山及Ⅱ632、Ⅱ633工作面，采区内Ⅱ632工作面已回采结束，岩裂隙水并未得到有效疏放，目前工作面砂岩出水在30m³/h。且由于Ⅱ634工作面周围中小型断层发育较密集，断层附近顶底板岩层发育一定程度的裂隙，既成为储水空间，又是导水通道，当掘进揭露时，就可能引起砂岩裂隙水涌出现象，因此，6煤层顶底板砂岩裂隙水("八含"水)是Ⅱ634工作面掘进过程中的主要充水水源。

Ⅱ634工作面当前迎头灰岩水位为-377m，工作面煤层埋深标高为-716m，根据工作面周边钻孔资料揭露底板隔水层厚度平均为48m。计算得出工作面煤层底板隔水层(至一灰顶界面)太灰水压为3.79MPa。

Ⅱ63采区6煤底板灰岩水含水量丰富，尤其三灰含水层富水性强，恒源煤矿采用地面顺层钻探注浆改造对Ⅱ634工作面6煤底板下三灰层位做到了全方位的注浆改造，注浆改造工程施工完成后，采用井下钻探、物探工程，验证注浆改造效果。目前工作面里段500m可安全回采。

8.1.2 监测指标与方案设计

根据本书前期构建的突水监测指标体系，较为有效、可靠的监测指标包括水压(水位)、水量、水温、pH值、硬度、TDS、氧化-还原电位、水质类型、视电阻率、应力、应变、岩温和微震等13个。

根据恒源煤矿的实际条件，初步选择工作面采掘过程的在线实时监测的指标有水压(水位)、水温和微震，定期监测的指标有水量、pH值、硬度、TDS(矿化度)、水质类型和视电阻率，未实施监测的指标有氧化-还原电位、应力、应变和岩温。

1)水压(水位)、水温监测方案

恒源矿共有8眼水井安装了水压(水位)、水温在线传感器,分别为水5、水17、水18、水21、水22、水24、水25和水26,针对性监测太灰水和奥灰水。7眼水井安装了水位在线传感器,分别是水4、水8、水9、水16、水19、水20和水23。相应的警戒水位分别为:水5(-53.02m)、水9(-277.4m)、水17(-144.04m)、水18(-106.25m)、水21(-46.24m)(见表8-1)。

表 8-1　　　　　　　　　　　　水位观测点统计表

序号	钻孔名称	位置	监测层位	监测指标
1	水 4	风井工广	太灰 L1~L4	水位
2	水 5	工广	太灰 L1~L4	水位、水温
3	水 8	II61 下	奥灰水	水位
4	水 9	II61 下	太灰 L1~L4	水位
5	水 16	风井工广	"三含"	水位
6	水 17	II62 下	太灰 L1~L5	水位、水温
7	水 18	II61 下	太灰 L1~L4	水位、水温
8	水 19	四五	"三含"	水位
9	水 20	II61 下	太灰 L1~L4	水位
10	水 21	II62	太灰 L1~L4	水位、水温
11	水 22	副井工广	"二含"	水位、水温
12	水 23	副井工广	"三含"	水位
13	水 24	II61 下	奥灰水	水位、水温
14	水 25	48 采区	"三含"	水位、水温
15	水 26		太灰	水位、水温

2)涌水量监测方案

对于恒源矿一水平、二水平、井筒、井下放水孔和重点头面实施水量监测,安装流量计在线监测,各涌水量观测点位置见表8-2。

表 8-2   涌水量观测点位置

水平	观测点位置	水平	观测点位置
一水平	南翼：南大巷水沟	二水平	南翼：水仓口水沟
	北翼：北大巷水沟		北翼：大巷水沟
重点头面	II619 老塘水	井筒	副井
	II617 老塘水		主井
	II6119 老塘水		风井
	II613(5) 老塘水	井下放水	GS9 放水孔
	II632 泄水巷		II632 放水孔
	II628 泄水巷		II6110-1 放水孔
	II6110 老塘水		II6110-2 放水孔

3) 水质监测方案

恒源煤矿按照要求定期监测相应含水层的水质, 生产运营过程中, 依据井下出水、涌水或排水沟渠水量大小等因素, 目的性的加密采集水样进行水质化验。对应的, 水质监测指标有 $K^+ + Na^+$、Ca^{2+}、Mg^{2+}、Cl^-、SO_4^{2-}、HCO_3^-、CO_3^{2-}、矿化度(TDS)、pH 值、碱度、全硬度、暂时硬度和负硬度, 表 8-3 为恒源矿不同取样点位置。

表 8-3   2018 年恒源矿水质观测点位置

取样日期	取样地点	水质类型
2018/1/2	二水平轨道下山向下 200m 处	砂岩水
2018/1/2	II624 老空水	砂岩水
2018/1/15	II632 泄水巷	砂岩水
2018/2/6	II632 泄水巷	砂岩水
2018/2/13	II619 机联巷	灰岩水
2018/3/1	-960m 轨道辅助石门 W3 前 16m 巷中原老钻孔	砂岩水

续表

取样日期	取样地点	水质类型
2018/3/2	-960m 轨道主石门迎头巷中原老钻孔出水	砂岩水
2018/3/2	II633 机巷 17 号钻场附近底板	砂岩水
2018/3/5	II633 机巷 JC14-1	混合水
2018/3/5	II633 机巷 JC14-2	混合水
2018/3/7	II633 机巷 JC14-1	混合水
2018/3/7	II633 机巷 14#JS14-2	砂岩水
2018/3/9	II633 机巷 JS16-1	砂岩水
2018/3/9	II633 进架联巷下段	砂岩水
2018/3/15	二水平南总回下段	混合水
2018/3/15	II6117 工作面	混合水
2018/3/20	II615 风联巷	灰岩水
2018/3/20	II616 机联巷	灰岩水
2018/3/20	II617 机巷	灰岩水
2018/3/20	II617 风巷	灰岩水
2018/3/21	II633 泄水巷(原 II632 老空区)	砂岩水
2018/3/23	II6110 老塘水	砂岩水
2018/3/23	-960m 轨道主石门 F7 前 13m 卸压孔 1-7 号出水	砂岩水
2018/4/16	II633 泄水巷	砂岩水
2018/4/24	II634 机巷 2-2 孔深 113m 处水	砂岩水
2018/4/24	一水平南大巷水沟	砂岩水
2018/4/25	-960m 轨道主石门 C5 点前 5m 右帮出水	砂岩水
2018/4/25	II633 机巷 JQ7-1	灰岩水
2018/4/25	II634 机巷 1#孔 110m 处出水 1m³/h	灰岩水
2018/4/26	II634 工作面 Z-1 孔	灰岩水
2018/4/26	II633 机巷 JZ2-4 孔 87m 处	灰岩水
2018/4/27	II634 机巷 2-1 孔	灰岩水
2018/4/27	II634 机巷 2-2 孔	砂岩水

续表

取样日期	取样地点	水质类型
2018/4/27	II634 机巷 2-3 孔	砂岩水
2018/5/3	II633 工作面 63#老塘水	砂岩水
2018/5/3	II633 工作面 85#支架处运输机底板水	砂岩水
2018/5/4	II633 风巷 FYZ1 孔	混合水
2018/5/8	II633 工作面 76#架	砂岩水
2018/5/8	II633 机巷 15#泵窝前 2.5m 顶板锚索淋水	砂岩水
2018/5/10	FYZ2 孔出水	灰岩水
2018/5/10	−940m 水平回风主石门 C5 前 42m	砂岩水
2018/5/10	−940m 水平回风辅助石门 R8 前 35.5m2#孔 63m	砂岩水
2018/5/11	II 633 泄水巷	砂岩水
2018/5/15	−960 回风石门(大)	砂岩水
2018/5/15	−960 轨道石门(小)	砂岩水
2018/5/30	−940m 水平回风辅助石门 R8 前 35.5mT1-1 钻孔	砂岩水
2018/5/30	−940m 水平回风辅助石门 R8 前 35.5mT1-2 钻孔	砂岩水
2018/6/5	II 633 泄水巷	砂岩水
2018/6/12	II 634 机巷 Z3-2 孔终孔水	砂岩水
2018/6/14	II 634 机巷 Z3-1	砂岩水
2018/6/14	II 634 机巷 Z3-2	砂岩水
2018/7/2	II 633 切眼 18#架	砂岩水
2018/7/2	II 633 机巷 J28 点前 50m	砂岩水

4)物探监测方案

(1)瞬变电磁法

自 2005 年 4 月 26 日至 2005 年 9 月 15 日，完成瞬变电磁测线 121 条，瞬变电磁勘探物理点 9359 个(见图 8-2)。勘探区面积为 6.72km²，实际控制面积为 7.0km²。查清 4、6 煤顶板和底板的富水性，并对区内水文地质条件予以综合评价。

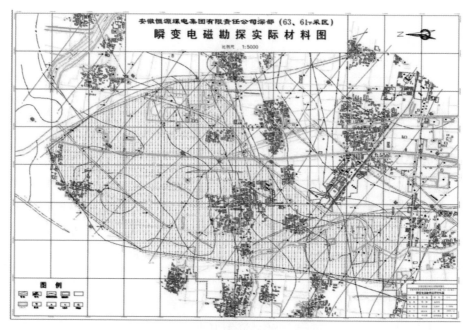

图 8-2　地面瞬变电磁勘探布置图

（2）网络并行电法

2016 年 1 月至 6 月，完成 II 632 及 II 633 工作面温庄向斜轴部区域地面顺层孔钻探注浆工程施工，采用网络并行电法验证注浆前工作面内的相对灰岩低阻异常区，注浆前 6 个，注浆后消失了 5 个，其余块段电阻率分布均匀，阻值大幅度提升(见图 8-3)。

5）应力应变监测方案

为了获得矿井现代地应力量值规律，应进行地应力实测。采用声发射进行地应力估测。共布置三个取样点采样 4 组，分别位于 634 工作面机巷、44-46 石门(2 组)和−395m 皮带机巷。4 组标本均为胶结良好的细砂岩、粗砂岩。从测定结果看，3 个不同测点的样品地应力测量值基本一致，为 25.3~26.8MPa。

6）微震监测方案

如前所属，在本书进行相关理论分析采用微震监测矿井突水过程的

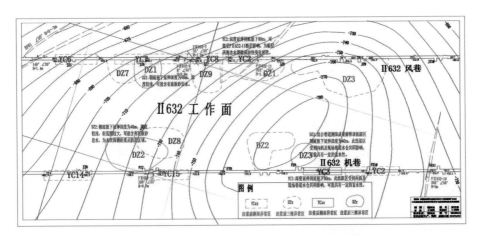

图 8-3 网络并行电法验证 II632 和 II633 工作面注浆前后效果

有效性的基础上，恒源煤矿采用微震与电磁法监测技术，从矿井水运移的时空特点着手，对工作面底板隔水层薄弱带、含水层富水区、水文地质异常区、采掘破坏影响范围、物探异常区等进行监测，实现对矿井水动态变化时空特征的描述，监测突水通道的"形成、发育、贯通"过程，实现对矿井突水的预警；选用具有"连续、实时、动态、大半径、全立体"特点的矿井微震与电磁法耦合监测进行 II633 工作面、II634 工作面的突水预警监测。

（1）II633 工作面监测

武汉长盛煤安科技有限公司建立了恒源煤矿 II633 工作面里段开采微震电磁监测系统，由主控系统接收从与其相连的地震传感器传输来的地震模拟信号并将其转换成数字信号，然后将数字信号传输给监测记录控制中心。根据结合该矿的地下工程条件，采用 9 个地震传感器和 3 个电磁传感器的系统硬件配置方案，并对此在不同空间坐标上设计了 9 种地震传感器和 3 种电磁传感器空间布置方案，供计算分析。

一个监测站布置 3 组监测系统，每组监测系统选择在煤帮锚杆托盘上安装 3 个微震传感器，该传感器的安装通过磁铁直接吸附在托盘上，不破坏巷道锚杆；每组监测系统选择在煤帮下部钻孔中安装 1 个电磁传感器，钻孔要求向下倾斜 45°，深度为 1m，直径为 50mm 以上，无需封孔。微震传感器与电磁传感器安装示意图如图 8-4 所示，在传感器安装完成后，要求测量每个传感器的三维坐标。三组监测系统通过电缆与主机相连，要求 24h 不间断供电(电压 127V)。开采煤层内布置钻孔用于安装电磁传感器，传感器安装深度为 1m；在该水平巷道内向下或向上钻孔用于安装地震传感器，从降低噪声干扰和施工要求考虑，其深度达 0.5m。

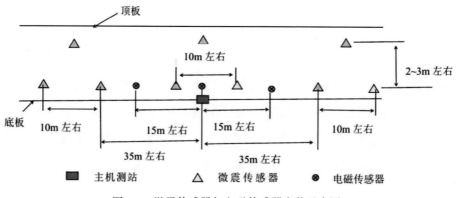

图 8-4　微震传感器与电磁传感器安装示意图

　　第一个监测站点选择在Ⅱ633 工作面机巷 900m 处(J19 与 J20 测点之间)，当工作面推到距离观测点 60m 时移动观测设备至下一监测站点。第二个监测站点选择在Ⅱ633 工作面风巷 1250m 处(F14 与 F15 之间)，当工作面推到距离观测点 60m 时移动观测设备至下一监测站点。第三个监测站点选择在Ⅱ633 工作面风巷 1500m 处(F11 与 F12 之间)，当工作面推到距离观测点 60m 时移动观测设备至下一监测站点。第四个监测站点选择在Ⅱ633 工作面风巷 1750m 处(F9 与 F10 之间)，当工作面推到距离观测点 60m 时移动观测设备至下一监测站点。第五个监测站点选择在Ⅱ633 工作面风巷 2000m 处(F9 与 F10 之间)，当工作面推到距离观测点 60m 时移动观测设备至下一监测站点(见图 8-5、图 8-6、图 8-7、图 8-8)。

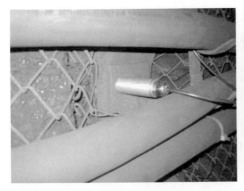

图 8-5 震动传感器安装

图 8-6 布电缆线

图 8-7 主机安装调试

图 8-8 安装调试好的主机

（2）Ⅱ634 工作面监测

Ⅱ634 工作面地质条件复杂，掘进过程中揭露断层 18 条，主要受砂岩裂隙水、底板灰岩水等水害威胁。在前期理论研究和Ⅱ633 工作面监测的基础上，河北煤炭科学研究院对Ⅱ634 工作面进行水害的微震监测预警。

本次监测基于此微震水害监测监控系统能够感知极其微弱的破裂信号，最弱能采集到振幅是 $10\sim 7V$ 的微震信号，同时能够实现准确定位，因此，在工程应用上能解决如下问题：监测、评价、查明工作面回采阶段煤层底板破坏情况；监测Ⅱ634 工作面煤层底板下方一定范围内隐伏导含水构造、裂隙薄弱带等发育情况；监测工作面回采期间是否存在构造活化及突水危险情况，为做好防治水工作提供依据。

Ⅱ634 工作面微震监测布置 32 个检波器，5 个分站，组成全包围式检波器阵列。检波器及采集分站工程布置如图 8-9 所示，检波器间距为 100~120m，其中Ⅱ634 风巷和Ⅱ634 机巷交叉布置（根据现场条件及需求调整），所有检波器均需埋置在钻孔底部，钻孔位置及施工参数见表 8-4。

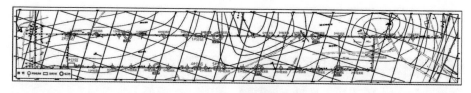

图 8-9　Ⅱ634 工作面微震监测平面图

表 8-4　　　　　　　　　　Ⅱ634 工作面钻孔参数一览表

分站	检波器编号	检波器类型	钻孔布置		
			位置	角度（°）	孔深（m）
1#分站	1#	单轴	Ⅱ634 风巷（里帮）	−60	9
	2#	单轴		−70	9
	3#	单轴		−60	9
	4#	单轴		−70	9
	5#	单轴		−60	9
	6#	单轴		−70	9
	7#	单轴		−60	9
	8#	单轴		−70	9
2#分站	9#	单轴	Ⅱ634 风巷（里帮）	−60	9
	10#	单轴		−70	9
	11#	单轴		−60	9
	12#	单轴		−70	9
	13#	单轴		−60	9
	14#	单轴		−70	9

续表

分站	检波器编号	检波器类型	钻孔布置		
			位置	角度(°)	孔深(m)
3#分站	15#	单轴	Ⅱ634 机巷 （里帮）	−60	9
	16#	单轴		−70	9
	17#	单轴		−60	9
	18#	单轴		−70	9
	19#	单轴		−60	9
	20#	单轴		−70	9
	21#	单轴		−60	9
4#分站	22#	单轴	Ⅱ634 机巷 （里帮）	−70	9
	23#	单轴		−60	9
	24#	单轴		−70	9
	25#	单轴		−60	9
	26#	单轴		−70	9
	27#	单轴		−60	9
	28#	单轴		−70	9
	29#	单轴		−60	9
5#分站	30#	单轴	切眼	−70	9
	31#	单轴	Ⅱ634 风巷 （里帮）	−60	9
	32#	单轴		−70	9

　　地面由服务器、电涌保护器、授时器、打印机、地面用光端机、数据传输线缆及多线程数据并行数据采集软件、多线程并行微震信号识别软件、微震数据处理软件、微震三维可视化软件组成，它们有效保障了恒源煤矿Ⅱ634 微震监测。

　　在监测过程中，根据采掘工程平面图及钻孔柱状图对Ⅱ634 相关区域进行三维地质建模，对微震监测结果进行综合分析和展示，计算得到每个微震事件与 6 煤底板的投影。对微震事件的地层属性进行分层，确定微震事件发生的空间位置。微震系统运行后可对工作面附近隐性构造进行探查，单点监测范围要达到环工作面200m以内。对工作面附近隐伏构造监测，煤层底板下150m以浅。监测工作面附近断层、薄弱带的活化情况，采动引起的工作面底板破坏情况，工作面回采期间是否存在构造活化及突水危险情况，为做好防治水工作提供依据。提交日报（电子版）、月报（电子版）、总结报告（电子版和纸质版）；工作面回采结束，并每日将监测结果发布至水害预警平台；发生重大微震事件及时报告矿方。

8.1.3 监测结果分析

1）水压水位

根据恒源煤矿松散层含水层抽水试验，可知"一含"、"二含"对煤矿开采几乎无影响。"三含""天窗"的影响较大。2016年度"三含"长观孔水位变化显示，"三含"水位呈持续下降状态。因矿井排水造成"三含"水位下降，有一部分"三含"水进入了矿井。生产实践也证明"三含"在局部地段，直接覆盖在煤系地层之上，形成矿井充水的补给水源（"天窗"），从"三含"水位变化情况分析，其补给量不大（见图8-10）。

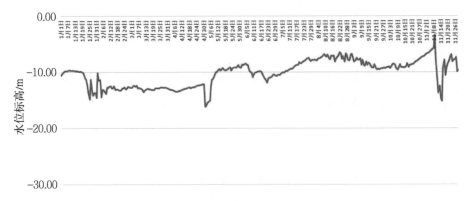

图8-10 "三含"25孔2016年度水位变化曲线图

太灰水是开采6煤的矿井充水的主要隐患之一，据太灰水观测孔观测资料，太灰观测孔中水位下降30m左右时，奥灰观测孔中水位无明显下降。2016年12月底，奥灰水位与同期太灰水位相差197.05m，这说明井田内奥灰水与太灰水之间的水力联系不太明显(见图8-11)。

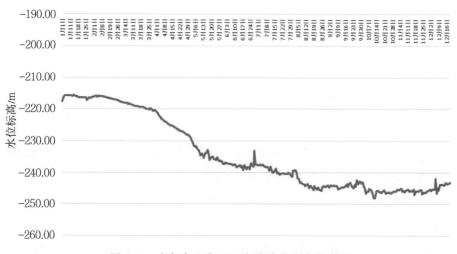

图8-11 太灰水5孔2016年度水位变化曲线图

奥灰水水压高、水量大，是矿井开采的重要安全隐患之一。根据奥灰水位长观孔观测资料(2009年至今)，奥灰水位处于波浪式缓慢下降趋势，与太灰水位下降趋势类似，说明煤矿的采掘使部分奥灰水补给太灰水，进入矿坑后被排至地面，奥灰水在一定的范围内已形成一个较大降落漏斗，同时也说明奥灰水对太灰水有一定的越流补给关系(见图8-12)。

2)涌水量

矿井涌水量构成主要是煤层顶板和底板砂岩裂隙水，其次是新生界含水层孔隙水和其他水(包括采掘施工用水、防尘水及井下太灰探查孔、观测孔出水、太灰放水等)。煤层顶板和底板砂岩裂隙水：地下水通过砂岩裂隙、断层带的导水裂隙等通道进入矿井，水量约为210m³/h，占全矿总涌水量的50%左右。新生界松散层含水层孔隙水：主要是沿主井、副

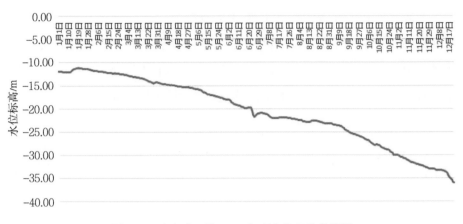

图 8-12　奥灰水 5 孔 2016 年度水位变化曲线图

井、风井井筒壁淋入井下的松散层含水层孔隙水，一般是"三含"水，但本矿此类水量不多，忽略不计。井下防尘、煤层注水及井下生产用水等，水量约 40m³/h，约占矿井总涌水量的 5%。太灰疏放水孔为 200m³/h，约占 45%。

矿井设计开采煤层有 4、6 煤层。4 煤矿井涌水量基本上比较稳定，正常涌水量为 60.94m³/h，最大涌水量为 65.52m³/h。6 煤涌水量比 4 煤大，正常涌水量为 218.28m³/h，最大涌水量为 272.3m³/h。从 2013 年到 2016 年，整个矿井的涌水量最大为 509.9m³/h，最小为 302.7m³/h，矿井年实际生产产量为 200 万 t 至 168 万 t，由此可以计算出矿井富水系数最小为 1.51m³/t，最大为 3.03m³/t，为充水性弱～中等的矿井。矿井涌水量的大小与井下突水点的出现频率和出水量密切相差，呈正相关关系。涌水量较大的地点主要分布在 Ⅱ61 采区和 Ⅱ63 采区，是矿井涌水的重要组成部分。断裂构造是控制矿井充水的重要因素之一。矿井出水点的出水量大小与构造裂隙发育程度、密度、导水性及富水性有着密切关系。断层一方面可以直接沟通灰岩其他强含水层引发突水，断裂构造对突水起到诱发作用；另一方面断层使冒落带高度增大，波及含水层范围增加，从而造成涌水量增大，突水点多发生在断层附近的裂隙发育区。主采煤层顶板砂岩裂隙含水层的富水性是井下发生突水的主要因素，4、6 煤层顶板砂岩裂隙一般不太发育，富水性不均，不排除局部地段由于构造因素使其富水性增强，具有突发性、涌水特征。图 8-13 所示为恒源矿 2017 年度矿井总涌水量变化曲线图。

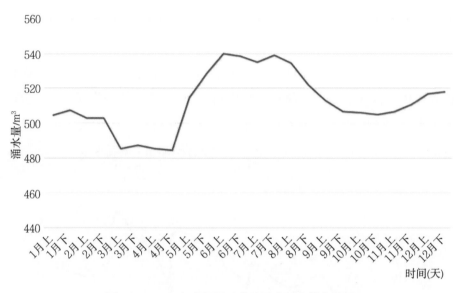

图 8-13　2017 年度恒源矿井总涌水量变化曲线图

Ⅱ633 工作面底板改造以后，工作面回采过程中的涌水水源是 6 煤顶板砂岩水。Ⅱ63 采区目前仅Ⅱ632 回采结束，砂岩裂隙水并未得到有效疏放，且工作面切眼附近中小型断层较为发育，断层附近顶板和底板岩层发育一定程度的裂隙，成为储水空间和导水通道。Ⅱ633 工作面里段回采期间的砂岩水计算涌水量为 42.02m³/h。Ⅱ633 工作面里段回采期间煤层顶板和底板砂岩裂隙水涌水量为 51m³/h 左右。

根据 II633 工作面涌水量集中布设方案的现场实时监测，结果表明该工作面正常涌水量为 3～5m³/h，其主要水源为顶板砂岩裂隙水，底板太灰含水层已经由地面钻孔高压注浆工程改造为隔水层。

3）水质

恒源矿正常水质监测指标有 $K^+ + Na^+$、Ca^{2+}、Mg^{2+}、Cl^-、SO_4^{2-}、HCO_3^-、CO_3^{2-}、矿化度（TDS）、pH 值、碱度、全硬度、暂时硬度和负硬度。

（1）矿化度

地下水在纵向上具有深度越大，含盐量越高的基本特征，表现为新生界"一含"矿化度最低，为 0.66~1.12g/L，"二含"0.86~1.64g/L，"三含"则达 1.55~2.14g/L；进入基岩地层后，含盐量继续增大，在 4 煤顶板和底板砂岩含水层一带涌水矿化度达 3.395g/L，到 6 煤顶板和底板砂岩含水层一带更达到 3.487g/L，个别样品达 6.956g/L。太灰水的矿化度通常在 3.3~3.5g/L 之间，比"七含"、"八含"略低（见图 8-14）。

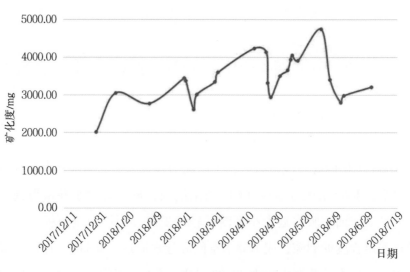

图 8-14　砂岩水 2018 年度矿化度变化趋势

造成地下水盐分纵向递变的原因是：新生界松散层地层水交替条件好，总体渗透性强，受降水和区域地下水流动系统的影响强烈；煤系地层隔水性相对较高，其内的砂岩裂隙水相对滞留，与围岩间发生充分的溶滤与离子交换作用，因此地下水盐分很高；太灰埋深更大，但由于径流强度增大，水循环性提高，从而矿化度比煤系砂岩略有下降。

（2）硬度

井田地下水硬度在纵向上变化规律也很明显。新生界"一含"的硬度为 $9.2 \sim 22°H$，"二含"为 $8.0 \sim 11.6°H$，"三含"为 $12.73 \sim 17.14°H$，差别不大；在煤系地层中，"七含"涌水硬度在 $5.7 \sim 11.8°H$ 之间，6 煤顶板和底板砂岩含水层的硬度变化较大，从 $2.92 \sim 70.74°H$ 不等，说明来源比"七含"复杂，估计部分涌水与下伏太灰水有程度不同的水力联系；灰岩水具有很高的硬度，除 G2 孔（$41.7°H$）和 G3 孔（$57.4°H$）偏低外，普遍在 $78°H$ 以上，其中 F1 孔和 F2 孔涌水是典型的太灰水，其硬度均达到 $100°H$ 以上。

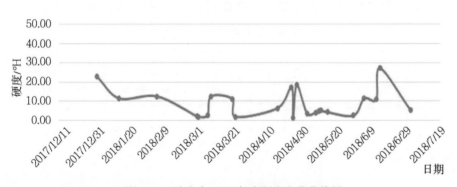

图 8-15　砂岩水 2018 年度硬度变化曲线图

（3）水质类型

"一含"水水化学类型为 $HCO_3 \cdot SO_4\text{-}Na \cdot Mg$ 型，pH 值为 7.9，矿化度为 1.206g/L，全硬度为 21.4 德国度，属中性微硬淡水。

"二含"水水化学类型为 $HCO_3 \cdot Cl\text{-}Mg \cdot Ca$ 型，pH 值为 7.6，矿化度为 0.86g/L，全硬度为 38 德国度。

"三含"水水化学类型为 $SO_4 \cdot Cl \cdot HCO_3\text{-}Na \cdot Mg$ 或 $SO_4 \cdot HCO_3\text{-}Na \cdot Mg$ 型，pH 值为 7.8，矿化度为 $1.461 \sim 1.647g/L$，全硬度为 $32.08 \sim 32.69$

德国度。

"五含"水化学类型为 $SO_4 \cdot Cl\text{-}Na \cdot Ca$ 类型，矿化度为 1.97g/L；"六含"水水化学类型为 $SO_4\text{-}K+Na \cdot Ca$ 类型，矿化度为 2.178～2.242g/L；"七含"水水化学类型为 $SO_4\text{-}K+Na$ 类型，矿化度为 2.317～3.412g/L；"八含"水水化学类型为 $SO_4\text{-}K+Na$ 类型，矿化度为 3.693g/L；太灰水水化学类型为 $SO_4 \cdot Cl\text{-}Na \cdot Ca$，矿化度为 2.3～2.6g/L；奥灰水水化学类型为 $SO_4\text{-}Na \cdot Ca$ 型，矿化度为 3.50g/L。

4）水温

采用分散式布设方案对矿区内"二含"、"三含"、太灰、奥灰的水温进行了实施监测，整个矿区内水温变化不大（见图 8-16），其中，"二含"和"三含"水温约 19～20℃，太灰水温度约 31.5～33℃，奥灰水温度约 29～30℃。实时监测结果表明，整个矿区内各含水层水温相对稳定，且"二含"、"三含"与太灰、奥灰存在明显的温度差异。

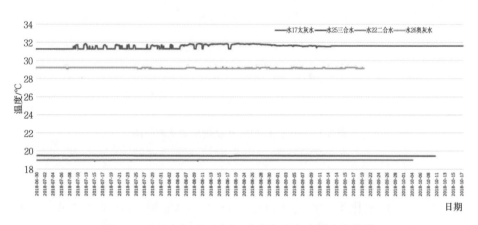

图 8-16　"二含"、"三含"、太灰和奥灰水温变化曲线

5）微震

（1）Ⅱ633 工作面监测结果

利用Ⅱ633 注浆主动扰动手段，使得岩体和地下水流场的耦合系统发

生扰动, 诱发微震事件, 由常规方法的"被动等震"监测转变为"主动诱震"监测, 在一定程度上可用于探测隐伏导含水构造。

根据注浆期间及注浆前后含水层内微震事件数量统计分析, 可对注浆工程效果及微震监测的有效性进行评价。注浆过程分为四个阶段, 第一阶段: 注浆初期, 表现为浆液为纯水泥浆、注浆量大、孔口压力小, 注浆浆液扩散通道顺畅; 第二阶段: 注浆中期, 表现为浆液为纯水泥浆、注浆量较大、孔口压力稳定, 表明浆液在局部地段开始凝固、遇阻, 部分裂隙、通道被封堵; 第三阶段: 注浆后期, 表现为浆液为纯水泥浆、注浆量逐渐减小、孔口压力不断增大, 注浆效果显现, 大部分过水通道已被封堵; 第四阶段: 结束期, 表现为浆液为加入速凝剂的水泥浆、孔口压力大、注浆量小, 为钻孔封孔阶段。

按照时间的先后顺序描述, 分别绘制不同注浆阶段、含水层内不同层段微震事件空间分布平面图和剖面图。对注浆期间各个阶段内含水层微震事件空间分布情况做平面投影分析, 含水层垂向不同层段微震事件平面密集发育带指示该层段(深度段)水泥浆液扩散路径、范围及含水层岩溶裂隙网络情况, 结束期微震分布位置指示突水口位置; 根据微震事件在剖面上的发育情况, 剖面中微震密集发育带指示地下水垂向导水通道位置; 微震事件发生的时间顺序指示过水通道扩充及浆液扩散过程。Ⅱ633工作面回采期间煤层顶板和底板附近微震事件剖面如图8-17所示。监测事件绝大部分是顶板产生的, 可能是顶板岩层塌陷所致。

微震进行矿井水害预警主要依据微震属性库参数, 在空间簇上表现为层位聚集特征, 以线性或团簇分布在不同层位, 在时间上表现为连续发育的特征, 从时空簇上将其分为三个阶段, 阶段之间的发展演变, 用微震属性特征阈值定量表示。矿井突水三级预警模型为:

- 潜伏期:

含水层内微震事件密集发生, 预示着地下水径流状态及含水层岩体稳定性发生异常, 地下水由自然状态下二维层流演变为三维紊流, 含水

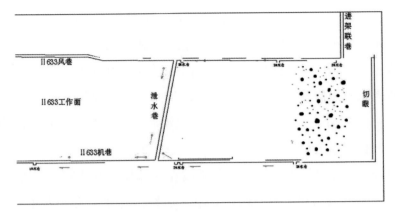

图 8-17　Ⅱ633 工作面顶板和底板微震事件剖面图

层储水结构发生破坏，地下水正在向顶部隔水层运移变化，为突水的初期阶段。主要表现在含水层内部事件密集发生，能量不断快速积聚，隔水层内实现分布相对较少，这个阶段突水危险(威胁)相对较小，预警周期为一周(每周进行一次突水预警分析)，微震事件密集分布区即为突水危险地段，应伴随采掘活动的进行密切关注此类异常区域发展动态，一旦出现向上部发展趋势，即进入发育期。

- 发育期：

隔水层内微震事件密集发育，尤其自上而下呈递进式密集发育时，预示着突水通道正在形成，突水危险正在一步一步加大，周期为 1~2 天。该阶段主要为含水层顶板一定范围内微震事件，事件能量变化不大，一般处于能量二次积累的过渡期，根据微震事件空间展布位置及形态特征，可进一步确定突水通道位置、类型以及发育趋势。

- 突水期：

微震事件沿某一空间位置自下而上集中发生，预示着高压地下水沿着某一岩层薄弱带不断向上运移，围岩产生劈裂、破碎、应力释放等，含水层内部能量出现二次积聚，同时出现隔水层内部微震事件的密集发生，一旦出现高能量事件，即表明地下水冲破隔水层，与采掘工作面底板裂隙带(包括原生裂隙和采动裂隙)沟通,形成突水口,发生突水事故。因此,微震事件沿某一位置自下而上、自远而近递进式密集发生,能量的二次积聚过程即为突水危险信号,可作为突水期预警,预警周期1~2h,一般应当及时采取治理或安全措施,突水危险将极易发生(见图8-18)。

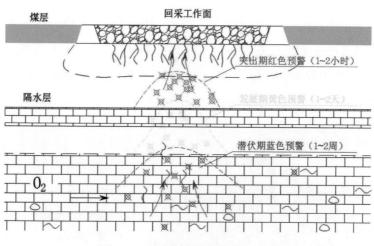

图 8-18　突水预警阶段划分示意图

对监测的数据进行分析,注浆引起的微震事件较明显,分布较均匀,但微震事件能量都比较小。采掘引起的采空区顶板塌陷微震事件较多,事件的能量明显比注浆引起的微震事件能量大。

Ⅱ633工作面已于2019年回采结束,整个工作面安全顺利回采,回采过程中没有监测到明显底板产生的微震事件,表明Ⅱ633工作面通过实施了地面顺三灰层位注浆加固后,底板岩层比较稳定。

(2)Ⅱ634工作面监测结果

目前,恒源煤矿Ⅱ634工作面还正在监测实施当中,本研究以2020年10月份的阶段性监测结果为例,进行微震监测事件的结果分析。

本监测周期为 2020 年 10 月 1 日—10 月 31 日，系统运行正常。目前 1#、2#、3#、4#、5#、6#、7#、8#、19#、20#、21#、22#、23#、24#、25#、26#、27#、28#、29#检波器进入采空区损坏。切眼附近 30#、31#、32#检波器损坏。该监测周期内，累计监测到微震事件 6260 个，工作面位置共推进 135.6m。

不同层位事件分布情况如图 8-19 所示。4 煤底以浅共 17 个，占 0.27%；6 煤顶 30~95m 共 490 个，占 7.83%；6 煤顶 30m~6 煤底共 3961 个，占 63.27%；6 煤底 0~30m 共 1723 个，占 27.52%；6 煤底 30~50m 共 67 个，占 1.07%；6 煤底 50~75m 共 2 个，占 0.03%；6 煤底 75~185m 共 0 个，占 0.00%；6 煤底 185m 以深 0 个，共 0.00%。

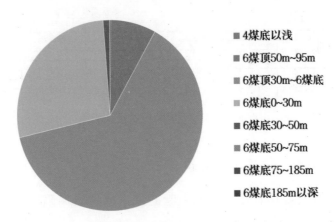

图 8-19　不同层位事件分布情况

微震事件日分布如图 8-20 所示。在本阶段监测周期内，监测到的微震事件主要分布在采线区域附近及沿巷道零星分布，如图 8-21 所示。微震事件主要集中在回采工作面内，分布在近煤层附近(6 煤顶 30m~6 煤底及 6 煤底 0~30m 占总数的 87.25%)。随着工作面的推进，微震事件发生的区域随采线的移动不断向前移动。

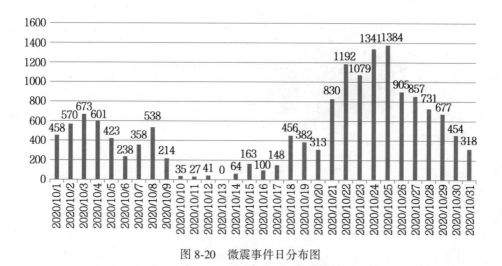

图 8-20 微震事件日分布图

本阶段微震事件较上期总体上升。从图 8-20 可以看到 10 月 1 日—10 月 9 日微震事件数量较多,自 10 月 1 日以来微震事件频次得到大幅度的提升,微地震活动剧烈,一灰微震事件得到大幅度的增加,10 月 10 日—10 月 17 日由于工作面停电及检修,工作面微震事件频较低;自 10 月 18 日工作面恢复正常生产,10 月 22 日微震事件增多,持续 4 日后,微震事件减少,分析为恢复生产后的第一次来压,且来压强度持续时间较长,矿压显现,微地震活动剧烈。另外,风巷持续存在一灰微震事件且相对密集,分析该区域为裂隙发育区,较薄弱,且向Ⅱ633 工作面采空区方向扩展。

总体上,在本期监测时段内,未监测到奥灰水、太灰水异常活动,不存在奥灰、太灰突水的危险。微震监测结果表明,前期区域治理效果良好,Ⅱ634 工作面在本期监测阶段内的开采安全可靠。同时,风巷持续存在一灰事件聚集区,表明此处存在裂隙发育区,较薄弱,且向Ⅱ633 工作面采空区方向扩展。

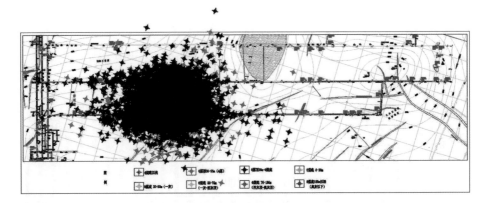

（a）Ⅱ634 工作面顶板微震事件分布图

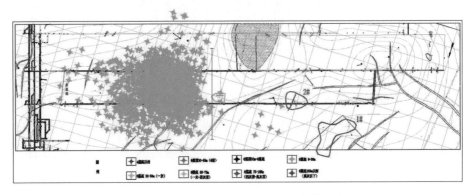

（b）Ⅱ634 工作面底板（0~30m）微震事件分布图

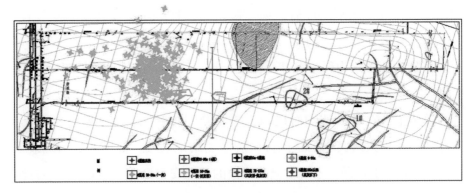

（c）Ⅱ634 工作面底板（30m 以深）微震事件分布图

图 8-21　工作面微震事件分布情况

恒源煤矿 II633、II634 工作面的初步监测实践表明，总体上，本研究设定的各监测指标的可测性良好，通过实时监测，实现工作面采掘过程的各关键指标监测完全可行。同时，根据已建立理论模型，II633、II634 工作面回采过程中各指标检测值变化范围较为正常，无异常监测值出现，监测结果与工作面实际回采过程的顺利进行较为吻合。

目前，II634 工作面正处于回采监测过程中，各监测数据为工作面回采过程的顶板突水通道形成提供了重要判别依据，也为重点防治水工作的开展指明了方向。

8.2 恒源煤矿出水案例预警应用

8.2.1 线性预警系统结果

在恒源煤矿中，II627 工作面的小型出水事件变化过程明显，突水前正常为存底板渗水，单点水量均小于 $0.5m^3/h$。揭露断层后，巷道岩层破碎，导水裂隙发育，过断层前后总水量从 $2m^3/h$ 缓慢增大到 $6m^3/h$ 较快速增大至 $15m^3/h$ 左右，后经过时间的推移，水量逐渐增大至 $20m^3/h$ 并保持稳定（见图 8-22）。与此同时，其他指标的监测值发现：出水点附近钻孔监测到的水位下降了 6.5m；工作面涌水量从 $6m^3/h$ 快速上涨到 $15m^3/h$，涨幅接近 1.5 倍；水温存在着持续上涨趋势，从出水开始到结束，水温上涨了 3.2℃；在矿井涌水量增大的过程中，Na^+ 浓度已经下降至 516.87mg/L，Ca^{+2} 浓度上涨到 186.2mg/L，TDS 降到 2610.94mg/L。

此次案例的线性预警主要过程为：

①根据各指标的变化确定分级预警等级：以上出水背景的情况确定 ZI=6.5，在 5<ZI≤10 的高危险区间；QI(n)=1.5，在 1<QI(n)≤2 的低危险区间；TI=3.2，TI>1，则为极高风险区间；Na^+ 浓度为 516.87mg/L，

191

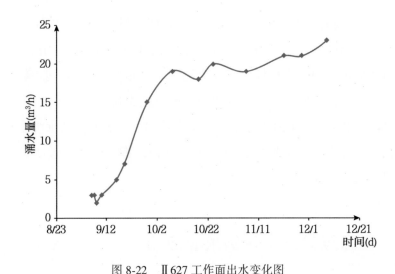

图 8-22 Ⅱ627 工作面出水变化图

则 434.25<QI(Na$^+$)<559.93，属低危险区间；Ca^{2+}浓度为 186.2mg/L，QI(Ca^{2+})>110.21，为极高风险区；TDS 降到了 2610.94mg/L，属于 2295.28<QI(TDS)<2644.3，则为中等风险区。

②根据已经制定好的风险评价矩阵和恒源煤矿工程师的建议意见，确定各指标变化下的风险值：水位变化风险值为 8；矿井涌水量变化风险值为 4；水温变化风险值为 9；Na$^+$变化风险值为 1；Ca^{2+}变化风险值为 15；TDS 变化风险值为 3。

③计算预警值：

RK = 0.429×8+0.211×4+0.036×9+0.063×1+0.161×15+0.1×3 = 8.378

上述预警结果表明，利用本书建立的预警模型预测该次突水案例事故为橙色预警等级，表明利用相关监测参数综合预警具有较大突水风险，与该次事故导致现场突水的实际情况吻合，表明本次预测模型构建可靠。

8.2.2 神经网络预警系统结果

此次案例的神经网络预警过程主要为：

①利用数据训练神经网络：根据已统计的 91 组数据，利用其中的 70 组进行学习训练。神经网络学习训练过程中，训练次数达到 1000 次或网络误差性能小于 0.001 时训练结束。根据以上标准，将统计得到的原始数据集 BPdatam. m 文件导入 Matlab 中进行训练。通过对神经网络进行训练，神经网络在训练到第 6 步时已达到要求（同图 5-4）。

②神经网络预测：将 II 627 工作面的小型出水事件前的一系列时间内监测到的各指标数据导入预警系统，利用训练好的 BP 神经网络进行预警预测（见表 8-5）。结果发现警情直接跳过了蓝色预警，从黄色预警开始，经过了一段时间的稳定后跳入橙色预警，不久又恢复到了黄色预警。

表 8-5   **BP 神经网络预测情况表**

序号	预测输出	神经网络预测警情
1	3.089	黄色预警
2	5.922	黄色预警
3	5.559	黄色预警
4	5.748	黄色预警
5	5.361	黄色预警
6	5.101	黄色预警
7	8.491	橙色预警
8	3.758	黄色预警

上述预警结果表明，利用本书建立的多因素评价体系与预警模型预测该次突水案例事故为橙色预警等级，具有较大突水风险，与该次事故

导致现场突水的实际情况吻合，表明本次预测模型构建可靠。

8.3　任楼煤矿出水案例预警应用

8.3.1　线性预警系统结果

在任楼煤矿中，Ⅱ51轨道大巷的大型出水事件变化过程明显，突水前正常为存底板渗水，单点水量均小于 $0.5m^3/h$。揭露断层后，巷道岩层破碎，导水裂隙发育，过断层前后总水量从 $1.5m^3/h$ 迅速增大到 $20m^3/h$ 又较快速降低到 $15m^3/h$ 左右；经过时间的推移，水量逐渐控制至 $8m^3/h$ 并保持稳定(同图3-8)。与此同时，发现其他指标的监测值有如下变化：出水点附近钻孔监测到的水位下降了 $5.5m$；涌水量从 $2m^3/h$ 快速上涨到 $20m^3/h$，涨幅接近 10 倍；水温存在持续上升的趋势，从出水开始到结束，水温上升了 $3.2℃$；在矿井涌水量增大过程中，Na^+ 和 TDS 有着轻微的下降，Ca^{+2} 浓度上涨明显(同图3-12)。

在此次案例的线性预警主要过程为：

①根据各指标变化确定分级预警等级：确定 $ZI = 5.5$，属 $5<ZI \leqslant 10$，则为高危险区间；$QI(n) = 10$，属 $QI(n)>4$，则为极高危险区间；$TI = 3.1$，属 $TI>1$，则为极高风险区间；Ca^{2+} 浓度为 $144.3mg/L$，属 $QI(Ca^{2+})>110.21$，则为极高风险区。

②根据已经制定好的风险评价矩阵和任楼煤矿工程师的建议意见，确定各指标变化下的风险值：水位变化风险值为8；矿井涌水量变化风险值为15；水温变化风险值为13；Na^+ 变化风险值为1；Ca^{2+} 变化风险值为13；TDS 变化风险值为3。

③计算预警值：

$RK = 0.429 \times 8 + 0.211 \times 15 + 0.036 \times 13 + 0.063 \times 1 + 0.161 \times 13 + 0.1 \times 3$

=9.521

上述预警结果表明，利用本书建立的多因素评价体系与预警模型预测该次突水案例事故为橙色预警等级，具有较大突水风险，与该次事故导致现场突水的实际情况吻合，表明本次预测模型构建可靠。

8.3.2　神经网络预警系统结果

在此次案例的神经网络预警主要过程为：

利用数据训练神经网络：根据已统计的91组数据，利用其中的91组进行学习训练根据设置的参数，神经网络学习训练过程中，训练次数达到1000次或网络误差性能小于0.001时训练结束。根据以上标准，将统计得到的原始数据集 BPdatam. m 文件导入 matlab 中进行训练。通过对神经网络进行训练，神经网络在训练到第3步时已达到要求(见图8-23)。

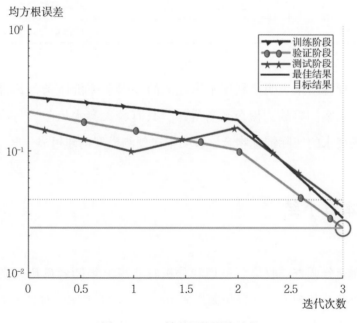

图 8-23　BP 神经网络训练过程

神经网络预测：将Ⅱ51 轨道大巷的大型出水事件前的一系列时间内监测到的各指标数据导入预警系统，利用训练好的 BP 神经网络进行预警预测(见表 8-6)。结果发现警情直接跳过了蓝色预警，从黄色预警开始，持续了一段时间后跳入橙色预警，并持续了较长时间，不久又恢复到了黄色预警。

表 8-6　　　　　　　　　**BP 神经网络预测情况表**

序号	预测输出	神经网络预测警情
1	4.089	黄色预警
2	6.922	黄色预警
3	7.559	黄色预警
4	8.748	橙色预警
5	8.361	橙色预警
6	8.201	橙色预警
7	8.191	橙色预警
8	7.258	黄色预警

上述预警结果表明，利用本书建立的多因素评价体系与预警模型预测该次突水案例事故为橙色预警等级，具有较大突水风险，与该次事故导致现场突水的实际情况吻合，表明本次预测模型构建可靠。

8.4　本章小结

①在充分调查、收集、整理和分析皖北煤电集团各矿历史资料、现有监测数据的基础上，选择恒源煤矿Ⅱ633、Ⅱ634 工作面对各监测指标的现场可测性、有效性进行了初步实施应用，并分析了各指标在工作面的

实施布设情况，为工作面的安全开采提供可靠的保障。

②恒源煤矿已在线实时监测的指标有水压(水位)、水温和微震信号3个指标，定期监测的指标有涌水量、pH 值、硬度、TDS 和水质类型5个指标，不定期监测的指标有视电阻率1个指标，未开展监测的指标有氧化-还原电位、应力应变和岩温3个指标。

③恒源煤矿 II633、II634 工作面的初步监测实践表明，总体上，本研究设定的各监测指标的可测性良好，通过实时监测，实现工作面采掘过程的各关键指标监测完全可行。同时，根据已建立理论模型，II633、II634 工作面回采过程中各指标检测值变化范围较为正常，无异常监测值出现，监测结果与工作面实际回采过程的顺利进行较为吻合。

④利用本书建立的多因素评价体系与预警模型，分别对恒源煤矿、任楼煤矿已有突水案例资料的监测数据进行预警训练，根据报告前述预警方法，两次突水案例事故均预测为橙色预警等级，表明本书构建预测方法能够较好地反映现场实际情况，预测模型构建可靠。

第9章
研究结论与展望

9.1 主要研究结论

自 2017 年以来，国家煤矿水害防治工程技术研究中心、皖北煤电集团有限公司、中国矿业大学矿井水害防治课题组紧密围绕着矿井实时突水监测预警指标体系及预警系统构建这一关键问题展开研究，通过对矿区的实际调研和监测指标数据的系统研究，建立了矿井突水预警的单因素、多因素指标体系与预警模型，提出了各个指标异常时的判别准则和分级预警标准，并针对皖北矿区现有监测设备及手段，设计并提出了若干可测指标传感器的选型及布设方案，并在恒源煤矿加以初步实施应用。

本书取得的主要研究成果如下：

(1) 开展了突水预测预警指标的有效性、可靠性分析

根据矿井顶板和底板突水机理，突水过程可出现岩体应力、渗透性、温度变化，水压升高、涌水量增大，特征离子变化或断面位移等一系列前兆。根据这些突水前兆信息，总结突水可导致的有变化的参数，在综合分析工程示范点水文地质条件以及相关煤矿水监测体系的研究基础上，筛选出可测的水压(水位)、水量、水温、pH 值、硬度、TDS、氧化还原电位、水质类型、视电阻率、应力、应变、岩温、微震信号等 13 个指标。其次根据以往的现场资料研究，分析了 13 个指标的有效性，确定指

标的可用性。

（2）开展了指标监测难易程度及敏感性等级划分

根据指标监测的难易程度及突水预测敏感性，对指标类型进行划分。首先考虑监测的难易程度及监测实施的成本，将监测难易程度划分为Ⅰ、Ⅱ、Ⅲ三个等级。根据以往的研究基础及现场人员的经验判断，将指标的敏感性等级同样划分为Ⅰ、Ⅱ、Ⅲ三个等级，定义指标敏感性逐级降低。

（3）综合划分了突水预测预警指标的类型与等级

综合考虑各监测指标的可靠性、有效性以及监测难易程度等综合因素，将监测指标划分为三个类型。其中水压、水量为Ⅰ级指标，硬度、水质类型、岩温、应力应变、微震监测信号等为Ⅱ级指标；水温、pH值、氧化-还原电位、视电阻率为Ⅲ级指标。

（4）提出了监测异常阈值及分级预警阈值理论基础

确定采掘工作面实时突水预测预警系统最有效的4个指标。这4个指标分别是：水位、涌水量、水温、微震事件时间簇密度。矿井涌水量的异常判别方法为统计参数法，矿井水位、水温、微震事件时间簇密度的异常监测方法为基于阈值的异常监测方法，得到了确定阈值的理论依据。

（5）构建了单因素评价体系与预警模型

构建了各个典型突水监测指标的分级预警评价模型：水位为ZI；工作面涌水量为QI(n)；水温为TI；主要三项离子指标分别为：QI(TDS)、QI(Na^+)和QI(Ca^{2+})。确定了各指标分级预警阈值。水位：6h内，ZI≤1为无危险；1<ZI≤2为低危险；2<ZI≤5为中度危险；5<ZI≤10为高危险；ZI>10为超高危险。工作面涌水量：6h内，QI(n)≤1为无危险；1<QI(n)≤2为低危险；2<QI(n)≤3为中等危险；3<QI(n)≤4为高危险；QI(n)>4为超高危险。水温：24h内，TI≤0.1为无危险；0.1<TI≤0.2为低危险；0.2<TI≤0.5为中等危险；0.5<TI≤1为高危险；TI>1为超高危险。TDS：QI（TDS）>2908.64 为无危险；2644.3<QI（TDS）<2908.64 为低危险；2295.28<QI（TDS）<2644.3 为中等危险；2003.58<QI（TDS）<2295.28 为高危险；QI（TDS）<2003.58 为超高危险。Na^+：QI（Na^+）>559.93 为无危险；434.25<QI（Na^+）<559.93 为低危险；364.78<QI（Na^+）<434.25 为中等危险；168.65<QI（Na^+）<364.78 为高危险；QI（Na^+）<168.65 为超高危险。Ca^{2+}：QI（Ca^{2+}）<76.37 为无危险；54.38<QI（Ca^{2+}）<76.37 为低危险；76.37<QI（Ca^{2+}）<96.14 为中等危险；96.14<QI（Ca^{2+}）<110.21 为高危险；QI（Ca^{2+}）>110.21 为超高危险。

（6）构建了基于 AHP 方法的多因素评价体系与预警模型

建立了基于 AHP 方法的矿井底板预警模型：根据煤层突水过程中含水层水位、矿井涌水量、水温、Na^+、Ca^{2+} 以及 TDS 等级别及有效性，进行层次分析，并进行了一致性检验，确定了各指标对预警系统的权重。其中，含水层水位指标权重最大，为 0.429；其他指标的权重为 0.211、0.036、0.063、0.161 和 0.1。最终的预警模型为：

$$RK = 0.429f_Z(x) + 0.211f_Q(x) + 0.036f_T(x) + 0.063f_{Na}(x)$$
$$+ 0.161f_{Ca}(x) + 0.1f_{TDS}(x)$$

（7）开展了研究区突水强度类型预测及风险级别评估

通过统计皖北各煤矿的历史突水情况，结合《煤矿防治水细则》，将突水风险分为低风险、中等风险、高风险、极高风险。得出皖北煤电下属各矿突水情况，根据突水类型，绝大部分为小型突水；根据突水时的水源位置，大部分突水为顶板砂岩裂隙水；根据风险等级，每个等级中顶板砂岩裂隙突水次数最多，砂岩裂隙水有大突水的可能；灰岩水突水风险程度一般为低风险，若存在奥灰水突水时，为极高风险。

（8）提出了矿井突水水源的快速判别与定量构成评价方法

根据研究思路，首先建立特征指标库，通过绘制 Piper 三线图，排除水样资料异常点，再通过聚类分析法，将水样进行分类，利用偏标加权法确定突水水源。然后利用偏标加权法进行模糊综合评判得到各离子评价因素权重，最终计算出模糊评价矩阵。根据离子守恒原理，采用 Cl⁻ 组合可准确判别充水水源在矿井涌水中的占比。

(9)开展了现场指标监测及装备选型

针对皖北矿区现有监测设备及手段，设计并提出了若干可测指标传感器的选型及布设方案。监测指标采集体系由地面中心站、井下分站或井下环网、信号传输电缆和传感器等硬件以及相应应用软件组成。地面中心站由计算机及相应软件处理系统组成，井下分站由信号传输电缆、传感器和解调器等硬件组成。综合分析各指标传感器的特点及性质，将各传感器分为三种布设方式：集中布设、单独布设、在工作面巷道布设等。

(10)开展了典型采掘工作面实时突水监测与预测预警的初步应用

①以恒源煤矿 II633、II634 工作面为典型工作面对各主要突水监测指标进行现场可测性、有效性的初步实施应用。恒源煤矿已在线实时监测的指标有水压(水位)、水温和微震信号 3 个指标，定期监测的指标有涌水量、pH 值、硬度、TDS 和水质类型 5 个指标，不定期监测的指标有视电阻率 1 个指标，未开展监测的指标有氧化-还原电位、应力应变和岩温 3 个指标。

②恒源煤矿 II633、II634 工作面的初步监测实践表明，总体上，本研究设定的各监测指标的可测性良好，通过实时监测，实现工作面采掘过程的各关键指标监测完全可行。同时，根据已建立理论模型，II633、II634 工作面回采过程中各指标检测值变化范围较为正常，无异常监测值出现，监测结果与工作面实际回采过程的顺利进行较为吻合。

③同时，利用本书建立的多因素评价体系与预警模型，分别对恒源煤矿、任楼煤矿已有突水案例资料的监测数据进行预警训练，根据报告前述预警方法，两次突水案例事故均预测为橙色预警等级，表明本书构建预测方法能够较好地反映现场实际情况，预测模型可靠。

9.2 主要创新性成果

通过上述研究工作的开展，国家煤矿水害防治工程技术研究中心、皖北煤电集团有限公司、中国矿业大学矿井水害防治课题组紧密围绕矿井实时突水监测预警指标体系及预警系统构建这一关键问题展开研究，取得的主要创新性成果包括：

(1)提出了皖北矿区采掘工作面突水实时监测预警的多因素指标体系

基于皖北矿区已有突水案例资料，研究揭示了各案例突水前兆及突水过程中各指标的演变、突变规律，在系统研究各监测指标实时可测性、有效性、敏感性的基础上，首次提出了皖北矿区采掘工作面突水实时监测预警的多因素指标体系，包括水压(水位)、水量、水温、pH值、硬度、TDS、氧化-还原电位、水质类型、视电阻率、应力、应变、岩温、微震信号等13个指标；同时，开展了基于监测指标可测性和敏感性的预警指标综合等级划分。

(2)提出了工作面突水实时监测预警指标的异常判别与分级预警方法、准则和阈值

系统研究了皖北矿区各突水案例在突水灾变过程中各有效监测预警指标的异常演变过程、异常变幅和异常变值规律，创新性地提出了基于统计参数法和各指标时间簇密度异常监测法确定各指标监测异常阈值的方法、基于异常变幅和异常变值确定各指标四级分级预警阈值的方法，构建了基于异常监测和临突预报的各指标监测预警模型、准则和阈值。

(3)建立了工作面突水实时监测预警的多因素预测评价体系与预警模型

系统研究了皖北矿区各突水案例在突水灾变过程中的多因素诱发机制和耦合过程，首次构建了基于AHP方法确定目标权重、基于风险理论确定目标突水风险等级的多因素预测评价体系与预警的线性模型与神经

网络模型。随后，通过 21 个已有突水案例资料的预测检验，两种模型的预测风险值一致率可达 81%，满足多因素综合判别与预警的要求，从而提高了预测精度。

(4) 提出了采掘工作面突水水源的快速识别方法以及矿井涌水定量比例构成计算方法

利用皖北矿区各主要充水水源的历年水质资料库，在基于聚类分析方法筛选并创建各主要充水水源常量特征离子库的基础上：提出了进一步构建基于偏标加权法的采掘工作面突水水源快速评价集用于确定各常量离子权重与模糊评价矩阵，随后通过对采掘工作面突水点水样的模糊评判，并利用最大隶属度原则进行突水水源的快速识别方法；提出了基于离子守恒原理，构建正常生产过程中各充水水源、矿井水的典型离子评价矩阵，并直接计算各水源定量比例构成的方法。

自 2019 年来，上述研究成果先后在恒源煤矿 II633、II634 工作面进行了初步监测实践，总体上，研究设定的各监测指标的可测性良好，通过实时监测，实现工作面采掘过程的各关键指标监测完全可行。同时，根据已建立理论模型，II633、II634 工作面回采过程中各指标检测值变化范围较为正常，无异常监测值出现，监测结果与工作面实际回采过程的顺利进行较为吻合。在恒源煤矿、任楼煤矿利用前期突水案例资料对单因素、多因素指标体系与预警模型初步预测预警显示，预测结果与实际吻合。

总体研究与现场应用实践表明，上述研究成果对于皖北煤电防治水技术装备的研发，以及采掘过程的实时监测预警有着重要意义。

9.3　展望

采掘工作面实时突水监测预警技术包括监测预警指标体系构建、多指标预警模型构建、矿井突水水源的快速判别、矿井突水监测指标参数采集等四个部分，理论和实践上具有一定的创新性，但仍存在一定的局限性，就本书研究成果的相关展望如下：

①单因素指标预警模型基于恒源煤矿历史数据和突水案例的指标变化特征，单因素指标预警模型仍需依据实际应用的结果进一步调整，以逐渐完善其模型的预警机制。

②多因素指标机器学习智能预警模型训练数据样本较小，为保障模型的普适性，需要不同突水类型、不同突水规模的突水案例对该神经网络进行训练。BP神经网络的训练模型搭建有待于进一步优化。

③矿井突水水源快速判别的计算目前仍为预警系统的独立模块，尚未将突水水源判别和多指标预警模型判别完全耦合集成，但突水水源判别是预警系统中的参照。在后续的研究中，将突水水源判别和多指标预警模型耦合至同一系统是重要的研究方向。

④进一步加强公司下属其他矿井生产工作面的实时监测预警工作，尤其是加强本书研发的多因素预警模型的现场应用与预警，开展多因素监测数据的融合、处理，对多因素综合预警模型权重值的矫正提供基础，以提高该预警模型的可靠性。

⑤在进一步推广实施应用过程中，重点加强对各监测指标的预警阈值的设定和监测应用，并结合实际揭露资料进行修正、调整。

⑥根据矿井突水水源判别模型，各矿可根据自身实际，对生产工作面各主要充水水源的特征值进行获取，在此基础上对该模型进行进一步修正和验算，为各矿井下生产工作面突水水源的快速判别，尤其是各充水水源的定量构成进行准确判断。

参 考 文 献

[1]《劳动保护》编辑部．新中国历史上重要安全会议（三）（2000—2009）
[J]．劳动保护，2009(12)：34-40.

[2]常明辉，杨志斌，李燕，等．矿井突水的预测预报[J]．煤炭技术，
2010，29(9)：113-115.

[3]徐智敏．深部开采底板破坏及高承压突水模式、前兆与防治[D]．徐
州：中国矿业大学，2010.

[4]靳月灿．"融雪径流—古冲沟"型矿井突水致灾模式研究[D]．徐州：
中国矿业大学，2014.

[5]崔思源．大南湖矿区侏罗系弱胶结含水介质及水动力特征研究[D]．
徐州：中国矿业大学，2017.

[6]甄战战．大南湖侏罗系弱胶结含水层动态及介质特征研究[D]．徐州：
中国矿业大学，2015.

[7]刘钦．哈密矿区侏罗系弱胶结砂岩结构及渗流模型研究[D]．徐州：
中国矿业大学，2018.

[8]朱宗奎．基于风险评估及突变理论的煤层底板突水危险性预测[D]．
徐州：中国矿业大学，2014.

[9]王蓉蓉．朔州矿区岩溶发育规律及构造控水机制研究[D]．徐州：中
国矿业大学，2015.

[10]陈红影．我国矿井水害的类型划分与水文结构模式研究[D]．徐州：
中国矿业大学，2019.

［11］高尚．西部侏罗系采动导水裂隙发育规律及水文地质效应［D］．徐州：中国矿业大学，2018.

［12］肖华．榆神矿区侏罗—白垩系含水介质结构与采动破坏特征［D］．徐州：中国矿业大学，2017.

［13］王静．光缗光栅多参数传感理论技术研究及在地下工程灾害监测中的应用［D］．济南：山东大学，2011.

［14］杨帅．岩石应变-损伤时空演化特征及失稳前兆信息识别研究［D］．徐州：中国矿业大学，2019.

［15］谢兴楠，叶根喜．测井"静态"探测与微震"动态"监测技术在矿井突水综合预警中的应用［J］．中国矿业，2012，21（1）：110-114.

［16］陈祥祥．微震监测技术在漂塘钨锡矿中的应用［D］．赣州：江西理工大学，2017.

［17］邢玉章．综放采场矿压显现异常机理的研究［D］．青岛：山东科技大学，2004.

［18］周训兵．地下工程围岩稳定性监测及安全控制方法研究［D］．绵阳：西南科技大学，2011.

［19］陈松．深部采场矿震监测定位系统的研究［D］．阜新：辽宁工程技术大学，2009.

［20］汪华君．四面采空采场"θ"型覆岩多层空间结构运动及控制研究［D］．青岛：山东科技大学，2006.

［21］孙彦景，林昌林，江海峰．一种能量高效的分布式非均匀分簇路由算法［J］．传感技术学报，2015，28（8）：1194-1200.

［22］廖丹，孙罡，杨晓玲，等．车载自组织网络单接口多信道的切换方法［J］．电子科技大学学报，2015，44（2）：227-232，238.

［23］张淑萍，赵桂钦．多射频无线 Mesh 网络中基于 DLS 改进 GSA 的信道分配［J］．计算机应用研究，2015，32（10）：3119-3123.

［24］孙永．煤矿物联网无线信道优选理论算法的研究［D］．徐州：中国矿

业大学, 2016.

[25] 靳德武, 段建华, 李连崇, 等. 基于微震的底板采动裂隙扩展及导水通道识别技术研究[J]. 工程地质学报, 2021, 29(04): 962-971.

[26] 靳德武, 赵春虎, 段建华, 等. 煤层底板水害三维监测与智能预警系统研究[J]. 煤炭学报, 2020, 45(06): 2256-2264.

[27] 乔伟, 靳德武, 王皓, 等. 基于云服务的煤矿水害监测大数据智能预警平台构建[J]. 煤炭学报, 2020, 45(07): 2619-2627.

[28] 张小鸣. 煤层底板突水动态监测系统的设计与实现[J]. 煤炭工程, 2011(01): 108-110.

[29] 张小鸣. 基于CAN总线的煤矿井下水情实时监测系统[J]. 煤炭科学技术, 2010, 38(01): 88-91.

[30] 张建中, 尚效周, 刘延芳, 等. 基于智能传感器的矿井水文监测系统的设计[J]. 矿山机械, 2010, 38(05): 7-10.

[31] Chitsazan M, Heidari M, Ghobadi M H, et al. The study of the hydrogeological setting of the Chamshir Dam site with special emphasis on the cause of water salinity in the Zohreh River downstream from the Chamshir Dam (southwest of Iran)[J]. Environmental Earth Sciences, 2012, 67(6): 1605-1617.

[32] Xu Z, Sun Y, Gao S, et al. Groundwater Source Discrimination and Proportion Determination of Mine Inflow Using Ion Analyses: A Case Study from the Longmen Coal Mine, Henan Province, China[J]. Mine Water and the Environment, 2018, 37(2): 385-392.

[33] 黄祖军, 李化敏, 王文. 综采长壁工作面探放顶板复合水水源判别[J]. 煤炭科学技术, 2013, 41(S2): 356-358, 333.

[34] 杨永国, 黄福臣. 非线性方法在矿井突水水源判别中的应用研究[J]. 中国矿业大学学报, 2007(03): 283-286.

[35] 鲁金涛, 李夕兵, 宫凤强, 等. 基于主成分分析与Fisher判别分析

法的矿井突水水源识别方法[J]. 中国安全科学学报, 2012, 22 (07): 109-115.

[36] 刘剑民, 王继仁, 刘银朋, 等. 基于水化学分析的煤矿矿井突水水源判别[J]. 安全与环境学报, 2015, 15(01): 31-35.

[37] 闫志刚, 白海波. 矿井涌水水源识别的 MMH 支持向量机模型[J]. 岩石力学与工程学报, 2009, 28(02): 324-329.

[38] Vincenzi V, Gargini A, Goldscheider N. Using tracer tests and hydrological observations to evaluate effects of tunnel drainage on groundwater and surface waters in the Northern Apennines (Italy)[J]. Hydrogeology Journal, 2009, 17(1): 135-150.

[39] 陈陆望, 桂和荣, 殷晓曦, 等. 临涣矿区突水水源标型微量元素及其判别模型[J]. 水文地质工程地质, 2010, 37(03): 17-22.

[40] M. Geobe. Investigations of water inrushes from aquifers under coal seams [J]. Rock Mechanics&Mining Sciences, 2005, 42(4): 350-360.

[41] 黄平华, 陈建生. 基于多元统计分析的矿井突水水源 Fisher 识别及混合模型[J]. 煤炭学报, 2011, 36(S1): 131-136.

[42] 靳德武, 刘英锋, 冯宏, 等. 煤层底板突水监测预警系统的开发及应用[J]. 煤炭科学技术, 2011, 39(11): 14-17.

[43] 刘斌, 李术才, 聂利超, 等. 矿井突水灾变过程电阻率约束反演成像实时监测模拟研究[J]. 煤炭学报, 2012, 37(10): 1722-1731.

[44] Dou L, Chen T, Gong S, et al. Rockburst hazard determination by using computed tomography technology in deep workface[J]. Safety Science, 2012, 50(4): 736-740.

[45] Lai X, Wang L, Cai M. Couple analyzing the acoustic emission characters from hard composite rock fracture[J]. Journal of University of Science and TechnologyBeijing(English Edition), 2004, 11(2): 97-100.

[46] Shoufeng T, Minming T, Junli H, et al. Characteristics of acoustic

emission signals in damp cracking coal rocks[J]. Mining Science and Technology (China), 2010, 20(1): 143-147.

[47] Huhn C, Ruhaak L R, Mannhardt J, et al. Alignment of laser-induced fluorescence and mass spectrometric detection traces using electrophoretic mobility scaling in CE-LIF-MS of labeled N-glycans[J]. Electrophoresis, 2012, 33(4): 563-566.

[48] Sharma R C, Kumar D, Kumar S, et al. Standoff detection of biomolecules by ultraviolet Laser-Induced fluorescence LiDAR[J]. IEEE Sensors Journal, 2015, 15(6): 3349-3352.

[49] Hodáková J, Preisler J, Foret F, et al. Sensitive determination of glutathione in biological samples by capillary electrophoresis with green (515 nm) laser-induced fluorescence detection [J]. Journal of Chromatography A, 2015, 1391: 102-108.

[50] Hamatani S, Tsuji K, Kawai A, et al. Dispersed fluorescence spectra of jet-cooled benzophenone ketyl radical: Assignment of the low-frequency vibrational modes[J]. Physical Chemistry Chemical Physics, 2003, 5 (7): 1370-1375.

[51] Feroughi O M, Hardt S, Wlokas I, et al. Laser-based in situ measurement and simulation of gas-phase temperature and iron atom concentration in a pilot-plant nanoparticle synthesis reactor [J]. Proceedings of the Combustion Institute, 2015, 35(2): 2299-2306.

[52] 马婧. 淮北煤田袁店二井 106 采区水文地质条件分析[J]. 四川地质学报, 2016(2): 284-288.

[53] Qiang W, Yuanzhang L, Liu Y. Using the vulnerable index method to assess the likelihood of a water inrush through the floor of a multi-seam coal mine in China[J]. Mine water and the environment, 2011, 30(1): 54-60.

[54]郑纲，门玉明，庞西岐．东庞矿 9103 工作面底板突水前兆实时监测技术[J]．煤炭科学技术，2004(03)：4-7, 3.

[55]郑纲．煤矿底板突水机理与底板突水实时监测技术研究[D]．西安：长安大学，2004.

[56]杨天鸿，唐春安，谭志宏，等．岩体破坏突水模型研究现状及突水预测预报研究发展趋势[J]．岩石力学与工程学报，2007(02)：268-277.

[57]刘德民，尹尚先，连会青．煤矿工作面底板突水灾害预警重点监测区域评价技术[J]．煤田地质与勘探，2019，47(05)：9-15.

[58]刘德民，尹尚先，连会青，等．煤矿底板突水定量预警准则及预警系统研究[J]．煤炭工程，2019，51(04)：16-20.

[59]张雁．煤层顶板突水预警系统中关键技术问题探讨[J]．西部探矿工程，2009，21(10)：127-128.

[60]张雁．防止煤层顶板水溃入矿井的预警系统研究[D]．煤炭科学研究总院，2008.

[61]王斌．浅埋煤层顶板水灾害预警系统研究[D]．西安：西安科技大学，2017.

[62]刁立峰．基于 ARM 的钙离子自动测试仪的研究[D]．武汉：华中科技大学，2012.

[63]卢立苹．离子浓度计的研制[D]．沈阳：东北大学，2008.

[64]杨勇．矿井突水水源类型在线判别理论与方法研究[D]．徐州：中国矿业大学，2018.

[65]袁永才．隧道突涌水前兆信息演化规律与融合预警方法及工程应用[D]．济南：山东大学，2017.

[66]王经明．承压水沿煤层底板递进导升突水机理的物理法研究[J]．煤田地质与勘探，1999(6)：40-43.

[67]王经明．承压水沿煤层底板递进导升突水机理的模拟与观测[J]．岩

土工程学报，1999(5)：546-549.

[68]王博辉．矿井水害预警方法研究及实现[D]．西安：西安科技大学，2012.

[69]靳德武，刘英锋，冯宏，等．煤层底板突水监测预警系统的开发及应用[J]．煤炭科学技术，2011，39(11)：14-17.

[70]杨天鸿，唐春安，谭志宏，等．岩体破坏突水模型研究现状及突水预测预报研究发展趋势[J]．岩石力学与工程学报，2007(2)：268-277.

[71]刘德民，尹尚先，连会青，赵东云．煤矿底板突水定量预警准则及预警系统研究[J]．煤炭工程，2019，51(4)：16-20.

[72]黄静静．基于多含水层水力联系的奥灰水突水监测预警系统研究[D]．太原：太原理工大学，2011.

[73]郑纲．煤矿底板突水机理与底板突水实时监测技术研究[D]．西安：长安大学，2004.

[74]刘德民．华北型煤田矿井突水机理及预警技术[D]．北京：中国矿业大学(北京)，2015.

[75]刘斌，李术才，聂利超，等．矿井突水灾变过程电阻率约束反演成像实时监测模拟研究[J]．煤炭学报，2012，37(10)：1722-1731.

[76]冯现大，李树忱，李术才，等．矿井突水模型试验中光纤传感器的研制及其应用[J]．煤炭学报，2010，35(2)：283-287.

[77]姜福兴，叶根喜，王存文，等．高精度微震监测技术在煤矿突水监测中的应用[J]．岩石力学与工程学报，2008(09)：1932-1938.

[78]程关文，王悦，马天辉，等．煤矿顶板岩体微震分布规律研究及其在顶板分带中的应用——以董家河煤矿微震监测为例[J]．岩石力学与工程学报，2017，36(S2)：4036-4046.

[79]汪宏兵，郑扬硕．超前地质预报在水下隧道中的应用[J]．城市建设理论研究(电子版)，2014(36)：9428-9430.

[80] 苏伟. 溶洞对地铁隧道结构力学特性及围岩压力影响的研究[D]. 长沙：中南大学, 2009.

[81] 章至洁, 韩宝平, 张月华. 水文地质学基础[M]. 徐州：中国矿业大学出版社, 1994.

[82] 罗立平. 矿井老空水形成机制与防水煤柱留设研究[D]. 北京：中国矿业大学(北京), 2010.

[83] 李树忱, 冯现大, 李术才, 等. 新型固流耦合相似材料的研制及其应用[J]. 岩石力学与工程学报, 2010, 29(02)：281-288.

[84] 程关文. 煤矿突水的微破裂前兆信息微震监测技术研究[D]. 大连：大连理工大学, 2017.

[85] 葛颜慧. 岩溶隧道突水风险评价与预警机制研究[D]. 济南：山东大学, 2010.

[86] Sun J, Wang L, Lu H. The analysis of the water-inrush dangerous areas in the inclined coal seam floor based on the theory of water-resisting key strata[J]. Journal of Mining & Safety Engineering, 2017, 34 (4)：655-662.

[87] 徐智敏, 孙亚军, 隋旺华, 等. 煤层底板寒灰上段隔水性能及水文地质结构特征[J]. 采矿与安全工程学报, 2010, 27(3)：399-403.

[88] 翟晓荣, 张红梅, 窦仲四, 等. 基于不同岩层组合对底板阻水效应的流固耦合机理研究[J]. 中国安全生产科学技术, 2016, 12(7)：16-21.

[89] SATAPATHY B K. Assessment of fiber contribution to friction material performance using grey relational analysis (GRA) [J]. Journal of Composite Materials, 2006, 40(6)：483-501.

[90] 杨宏亮. 长春市供水系统风险评价研究[D]. 长春：吉林大学, 2008.

[91] 汪忠, 黄瑞华. 国外风险管理研究的理论、方法及其进展[J]. 外国经济与管理, 2005(02)：25-31.

[92]朱启超，匡兴华，沈永平．风险矩阵方法与应用述评[J]．中国工程科学，2003(01)：89-94.

[93]阮欣，尹志逸，陈艾荣．风险矩阵评估方法研究与工程应用综述[J]．同济大学学报(自然科学版)，2013，41(03)：381-385.

[94]张弢，慕德俊，任帅，等．一种基于风险矩阵法的信息安全风险评估模型[J]．计算机工程与应用，2010，46(05)：93-95.

[95]刘国靖，张蕾．基于风险矩阵的商业银行信贷项目风险评估[J]．财经研究，2004(02)：34-40.

[96]中国标准化研究院，第一会达风险管理科技有限公司，等．GB/T27921—2011，风险管理：风险评估技术[S]．北京：中华人民共和国国家质量监督检验检疫总局，中国国家标准化管理委员会，2011.

[97]常虹，高云莉．风险矩阵方法在工程项目风险管理中的应用[J]．工业技术经济，2007(11)：134-137.

[98]袁丹．基于 BP 神经网络的制造业上市公司财务预警研究[D]．上海：上海交通大学，2010.

[99]蒋利利，张蒙蒙，刘晶，等．基于 BP 神经网络技术的三维瓦斯突出预警系统[J]．科技经济导刊，2019，27(02)：28-29.

[100]祝翠，钱家忠，周小平，马雷．BP 神经网络在潘三煤矿突水水源判别中的应用[J]．安徽建筑工业学院学报(自然科学版)，2010，18(05)：35-38.

[101]武强，解淑寒，裴振江，马积福．煤层底板突水评价的新型实用方法Ⅲ——基于 GIS 的 ANN 型脆弱性指数法应用[J]．煤炭学报，2007(12)：1301-1306.

[102]黄祖军，李化敏，王文．综采长壁工作面探放顶板复合水水源判别[J]．煤炭科学技术，2013，41(S2)：356-358，333.

[103]杨永国，黄福臣．非线性方法在矿井突水水源判别中的应用研究[J]．中国矿业大学学报，2007(03)：283-286.